經營顧問叢書 224

客戶服務部門績效量化指標

李智淵　任賢旺　編著

憲業企管顧問有限公司　發行

《客戶服務部門績效量化指標》

序　言

本書首先將客戶服務管理各崗位的工作目標進行細分，然後落實到人，並具體工作明細表，以明確具體工作事項和權責。

以工作目標為導向，以流程為中心，配以大量的制度、方案、方法、細則、圖表等實務工具，將客戶服務管理工作細化，落實到可執行的層面，是本書的內容特色。

本書內容是客戶服務管理人員開展工作的工具書和執行手冊，同時也是客戶服務管理從業人員可以有效利用的範例庫。在本書的使用過程中，讀者要根據企業的實際情況和工作的具體要求，對流程和相關制度、表單、方案、細則進行修改，以便於更加符合實際。

本書內容包括客戶開發管理、客戶關係管理、大客戶管理、售後服務管理、客戶投訴管理、客戶信用管理、客戶資訊處理管理、呼叫中心管理、客戶服務培訓與考核管理工作內容。將客戶服務部門各個崗位的績效考核體系化、精細化、模組化、範本化。內容有：

1.關鍵業績指標

通過對各崗位主要職責和任職要求的分析，詳細列出本崗位的主要工作事項，並通過對崗位主要工作事項的分析，直接提取每個崗位的關鍵業績指標，從而爲該崗位考核指標的設計提供參照。

2.考核指標設計

在關鍵業績指標的基礎上，將崗位細分爲經理級、主管級和專員級三級。根據不同的級別和關鍵業績指標，設計了相應的績效考核指標，爲各崗位的任職人員提供有效考核的方案和範本。

3.績效考核細則

主要針對考核指標的設計，細化說明如何進行績效考核，對績效考核執行的過程制定相應的指導規範，以及對具體的考核指標進行詳細的說明。指導規範將以「目標責任書」、「細則」、「方案」、「指標說明」等形式展現，其目的是爲績效考核人員提供有效執行績效考核的範例。

全書所構成的績效考核體系，不但從結構上細化了各個部門及各崗位的績效考核，而且從實用的角度將各個崗位的績效考核細化到底，是企業管理者尤其是績效考核工作人員的崗位績效考核範本。

《客戶服務部門績效量化指標》

目　錄

第 10 章　客戶服務部門的執行與範本 / 278

第 1 章

客戶服務管理崗位設計

第一節　客戶服務崗位的工作目標

表 1-1　客戶服務管理工作崗位設計

客戶服務管理崗位設計圖	人員編制
客戶服務總監	總監級 1 人
客戶服務部經理	經理級 1 人
客戶開發主管、客戶關係主管、大客戶主管、售後服務主管、客戶投訴主管、客戶信息主管、（空白）、（空白）	主管級 6 人
客戶調查專員、客戶開發專員、客戶關係專員、大客戶專員、售後服務專員、客戶投訴專員、客戶信息專員、（空白）、（空白）	專員級__人
相關說明	

一、客戶服務部門各崗位目標分解

表 1-2　客戶服務部門各崗位目標

總體目標	目標細化
客戶服務體系建設目標	1.規範客戶服務標準，完善客戶服務體系
	2.按時組織制訂《客戶服務計劃》，並保證服務計劃 100%得到貫徹執行
	3.及時編制各項客戶服務管理制度，並確保各項制度 100%得到執行
客戶開發目標	1.及時組織針對目標客戶的市場調查活動，完成客戶市場調研任務
	2.按時組織制訂《客戶開發計劃》，監督客戶開發工作，確保按時完成《客戶開發計劃》
大客戶管理目標	1.組織實施大客戶開發工作，確保大客戶開發計劃 100%完成
	2.嚴格要求大客戶服務人員，確保大客戶服務標準、激勵措施等得到 100%的貫徹實施
	3.指導下屬人員做好大客戶關係維護工作，確保大客戶滿意度在____%以上
客戶關係維護目標	1.負責草擬《客戶關係維護計劃》，經上級審核後，100%貫徹執行
	2.指導下屬人員做好客戶回訪、接待、提案等工作，確保客戶滿意度在____%以上

二、客戶開發崗位工作目標

表 1-3　客戶開發崗位工作目標

總體目標	目標細化
客戶調研目標	1.做好針對目標客戶相關信息的調查與收集工作，確保收集的信息準確、及時
	2.對調查的信息進行匯總分析，準確瞭解目標客戶現狀，並對客戶需求進行評估
客戶開發管理目標	1.根據對客戶調研結果的分析，及時編制具體的《客戶開發計劃》
	2.與相關部門配合，按時完成客戶開發工作
客戶資料管理	1.及時整理客戶調研及客戶開發的相關資料，確保資料完整率達到 100%
	2.及時將需要歸檔的材料送交檔案管理人員，保證資料及時歸檔

三、大客戶管理崗位工作目標

表 1-4　大客戶管理崗位工作目標

總體目標	目標細化
大客戶開發目標	1.做好大客戶開發的前期調查工作，準確把握客戶需求
	2.組織實施大客戶開發工作，確保大客戶開發計劃100%完成
大客戶服務目標	1.制定完善的大客戶管理制度，並根據大客戶的實際情況，制定相應的服務方案
	2.及時瞭解大客戶需求與回饋意見，保證公司與大客戶之間溝通的及時性與暢通性

續表

大客戶維護目標	1.根據工作的需要和相關的標準，進行大客戶回訪，針對大客戶的回訪率達到___%
	2.維護並鞏固公司與大客戶的關係，不斷提高公司服務水準，大客戶滿意度評價達到___分
大客戶資料管理	1.及時對大客戶管理的相關資料進行整理，確保資料完整率達到100%
	2.建立完善的大客戶檔案，並根據大客戶實際情況的變化及時對相應的信息進行變更，對需要歸檔的材料送交檔案管理人員，保證資料歸檔及時

四、客戶關係崗位工作目標

表 1-5 客戶關係崗位工作目標

總體目標	目標細化
客戶關係維護目標	1.負責草擬《客戶關係維護計劃》，經上級審核後，100%貫徹執行
	2.做好客戶回訪、接待、提案等客戶關係維護工作，確保客戶滿意度達到___%
	3.做好客戶關係維護工作總結，及時提出客戶關係改善建議
客戶資料管理目標	1.及時對客戶關係維護過程中產生的資料進行整理，確保資料完整率達到100%
	2.及時將需要歸檔的材料送交檔案管理人員，保證資料歸檔及時

五、售後服務崗位工作目標

表 1-6　售後服務崗位工作目標

總體目標	目標細化
售後服務目標	1.嚴格執行各項售後服務制度，確保各項服務標準得到100%貫徹執行
	2.做好售後服務管理工作，提升客戶對售後服務工作的滿意度，大客戶滿意率達到___%，一般客戶滿意率達到___%以上
客戶投訴管理目標	1.客戶投訴處理及時，客戶投訴解決及時率達到___%
	2.努力提高業務水準，確保客戶對投訴解決的滿意率達到___%以上
客戶關係管理目標	1.根據公司的需要，合理安排相關人員對客戶進行回訪，客戶回訪率達到___%
	2.對客戶提交的提案進行處理，並將處理結果及時回饋給客戶
信息收集目標	1.瞭解和掌握客戶對公司產品或服務的意見及要求，確保信息收集的及時性、有效性
	2.將客戶反映的信息回饋給公司相關部門，確保信息回饋及時率達到___%以上

六、客戶投訴崗位工作目標

表 1-7　客戶投訴崗位工作目標

總體目標	目標細化
客戶投訴管理目標	1.嚴格按照《客戶投訴處理規章制度》執行，客戶投訴處理及時率達到___%以上
	2.密切與其他相關部門的聯繫，使客戶投訴解決率達到___%

續表

客戶投訴管理目標	3.努力提高業務水準，確保客戶對投訴解決的滿意率達到___%以上
客戶關係維護目標	1.通過電話、郵件等方式做好客戶投訴回訪工作，客戶回訪率達到___%以上
	2.將客戶投訴過程中產生的提案及時轉交給相關部門，並將處理的結果回饋給客戶
客戶資料管理目標	1.客戶投訴信息記錄規範，記錄完整率達到100%
	2.及時將需要歸檔的材料送交檔案管理人員，保證資料歸檔及時

七、客戶信息崗位工作目標

表 1-8　客戶信息崗位工作目標

總體目標	目標細化
信息管理目標	1.嚴格按照《客戶信息管理制度》的要求，及時完成收集各類客戶信息的任務
	2.通過對客戶信息的整理與分析，按時提交編制《客戶信息分析報告》
客戶信用管理目標	1.制定的客戶信用等級評定制度合理、可行
	2.對公司客戶的信用風險進行評估與預測，準確率達到___%以上
客戶數據庫建設目標	1.根據公司對客戶數據庫建設的要求，具體推進數據庫建設工作，並確保按時完成率達到100%
	2.做好數據庫信息的更新工作，確保數據信息及時、準確、有效
	3.做好數據庫系統的日常維護工作，確保數據庫系統平穩、安全運行
客戶檔案管理目標	1.客戶檔案完備，客戶信息更新及時率達到100%
	2.做好客戶檔案日常管理工作，確保客戶檔案丟失、損壞事件發生次數爲0

八、呼叫中心崗位工作目標

表 1-9　呼叫中心崗位工作目標

總體目標	目標細化
呼叫中心運營目標	1.按照呼叫中心建設規劃，按時完成呼叫中心系統建設任務
	2.做好呼叫中心各項管理工作，確保呼叫中心各項工作計劃按時完成率達到100%
呼叫中心服務目標	1.嚴格按照呼叫中心服務標準執行，確保呼叫中心服務水準有所提高
	2.客戶投訴處理及時，客戶投訴解決及時率達到___%
	3.努力提高業務水準，客戶滿意率達到___%以上
資料管理目　　標	1.做好呼叫業務記錄，並確保記錄完整率達到100%
	2.及時將需要歸檔的材料送交檔案管理人員，保證資料歸檔及時

第二節　客戶服務崗位的工作事項

一、客戶管理崗位工作明細

表 1-10　客戶總監工作明細表

工作大項	工作細化	目標與成果
客戶服務規劃	1.收集和分析行業及市場情況，制定公司服務策略	公司服務策略
	2.制訂業務發展方向、競爭策略、售後服務和預算等相關計劃	相關工作計劃
	3.負責處理本部門的業務管理及關鍵任務，達成客戶滿意度	客戶滿意度評價達到___分以上
客戶開發管理	1.根據公司發展目標，制訂《客戶開發計劃》與大客戶管理策略	1.《客戶開發計劃》 2.大客戶管理策略
	2.根據公司的發展目標與制訂的《客戶開發計劃》，進行客戶開發、管理和維護	《客戶開發計劃》全面完成
客戶服務管理	1.瞭解客戶需求，組織人員做好公司客戶的售後服務工作，鞏固和增進公司與客戶的合作關係	客戶服務達標完成率達到___%
	2.對客戶投訴處理的監督和檢查，及時發現其存在的問題，提升公司的服務水準	客戶投訴處理解決率達到___%
	3.建立與完善客戶資料庫	客戶資料完備率達到___%

續表

部門人員管理	1.負責客戶服務團隊建設及日常工作管理，規範運作流程，提高客戶服務品質	部門人員任職資格達成率達到___%
	2.爲團隊成員提供業務培訓與指導，以保證團隊專業能力不斷提高	部門培訓計劃完成率達到___%
	3.負責與公司其他部門和團隊的協調與溝通	部門協作滿意度評價達到___分以上

表 1-11　客戶經理工作明細表

工作大項	工作細化	目標與成果
規章制度制定	1.組織制定本部門各項制度，規範客戶服務部的各項工作	各項規章制度
	2.組織制定客戶服務標準及各項工作規範並監督其執行情況	部門各項規章制度得到全面執行
客戶開發管理	1.根據公司的發展目標和業務特點，制訂《客戶開發計劃》	《客戶開發計劃》
	2.根據制訂的《客戶開發計劃》，安排人員進行客戶關係的開發與拓展、維護與管理工作	1.《客戶開發計劃》全面完成 2.客戶保有率達到___%
客戶關係管理	1.根據公司的相關規定，對本公司客戶的信用進行評定	《客戶信用評定表》
	2.安排人員進行客戶關係維護工作，爲公司開拓市場、開發新客戶奠定基礎	客戶保有率達到___%
	3.客戶檔案管理	客戶檔案完備率達到___%
大客戶管理	1.圍繞公司行銷目標，制訂公司《大客戶開發計劃》	《大客戶開發計劃》

續表

大客戶管理	2.保持與大客戶良好的合作關係，提高大客戶滿意度	大客戶滿意度評價達到___分
售後服務管理	1.組織制訂售後服務計劃、標準並組織實施	售後服務計劃、標準
	2.安排人員做好客戶諮詢和相關技術服務	客戶滿意度評價達到___分
	3.對待客戶投訴，認真聽取客戶意見，妥善處理客戶提出的問題	客戶投訴解決率達到___%
	4.安排相關人員及時瞭解並匯總客戶對產品或服務的意見和要求，並及時將相關信息回饋到相關部門	《客戶意見調查表》
	5.對客戶進行不同形式的回訪工作	客戶回訪率達到___%
客戶信息管理	1.組織人員做好客戶信息的收集、統計與分析工作，保證各項信息完善、準確	信息收集及時、準確、完善
	2.組織人員做好客戶檔案管理工作	客戶檔案完備率達到___%
呼叫中心管理	1.合理安排公司呼入、呼出業務，完成公司目標	各項任務完成率達到100%
	2.組織協調呼叫中心與其他相關部門的工作	部門協作滿意度評價達到___分
本部門人員管理	1.根據工作需要，制訂《部門人員需求計劃》並負責人員的選拔工作	《部門人員需求計劃》
	2.對本部門人員工作進行指導與培訓，提高其業務能力與服務水準	部門培訓計劃完成率達到___%
	3.對本部門人員實施考核	部門人員考核達成率達到___%

二、客戶開發崗位工作明細

表 1-12　客戶開發主管工作明細表

工作大項	工作細化	目標與成果
客戶開發管理制度的制定	1.根據公司發展目標，聯繫實際，協助客戶服務部經理制定客戶開發管理制度、工作流程及操作規範	各項規章制度
	2.指導並落實各項規章制度的執行情況，根據公司實際情況及外部環境的變化對相關規章制度進行修訂	各項規章制度得到全面執行
客戶開發管理	1.組織人員進行市場信息收集、客戶信息收集工作	信息收集及時、準確
	2.圍繞公司的發展目標，制訂《客戶開發計劃》並組織實施	《客戶開發汁劃》
	3.積極拓展客戶開發管道並組織客戶開發工作	《客戶開發計劃》按時完成率達100%
	4.對客戶開發專員與客戶簽訂的合約進行審核、審批	合約審批及時
	5.與客戶保持良好的合作關係並隨時掌握客戶的需求	客戶滿意度評價達到___分

表 1-13　客戶開發專員工作明細表

工作大項	工作細化	目標與成果
客戶調查	1.根據客戶開發的需求，及時編制《客戶調查計劃》	《客戶調查計劃》
	2.按照《客戶調查計劃》的要求，具體實施調查活動	調查計劃按時完成率達到100%
客戶開發	積極協助相關部門進行新客戶的開發工作	《客戶開發計劃》按時完成率達100%
客戶關係維護	1.對客戶進行定期或不定期的回訪	客戶回訪率達到____%
	2.建立客戶資料檔案，並根據實際情況對客戶的相關資料進行及時更新	客戶資料完備率達到____%

三、大客戶管理崗位工作明細

表 1-14　大客戶主管工作明細表

工作大項	工作細化	目標與成果
大客戶服務管理	1.配合公司行銷部門制訂《大客戶開發計劃》，並負責落實	《大客戶開發計劃》
	2.根據公司實際情況，對大客戶制定適當的服務方案和激勵策略	服務方案和激勵策略
	3.對大客戶與本公司業務往來的情況進行分析，爲公司相關部門提供決策的依據	相關分析報告
大客戶關係維護	1.安排人員對大客戶進行定期或不定期的回訪，及時瞭解大客戶在使用公司產品或其他業務中遇到的問題	客戶回訪率達到____%

續表

大客戶關係維護	2.關注大客戶的新動態，並及時給予相關的協助	大客戶相關信息
	3.負責與公司重要客戶進行日常溝通與關係維護	信息溝通及時
售後服務管理	1.安排人員收集大客戶的相關回饋信息並及時將其反映給相關部門	信息收集及時、準確
	2.根據公司的相關制度和售後服務標準，組織實施和檢查相關人員對大客戶諮詢、投訴、意見回饋等事項的執行情況	大客戶滿意度評價達到___分

表 1-15　大客戶專員工作明細表

工作大項	工作細化	目標與成果
信息收集	1.瞭解和掌握大客戶的需求	大客戶需求信息
	2.收集並整理與大客戶有關的新動態、新的發展方向等信息	大客戶的相關信息
大客戶關係維護	1.主動爲大客戶提供新業務、新技術諮詢等方面的諮詢服務	諮詢解答準確、客戶滿意度評價達到___分
	2.根據公司的安排，拜訪大客戶，不斷增進雙方之間的瞭解，以保持良好的合作關係	客戶回訪率達到___%
	3.妥善處理大客戶投訴	客戶投訴解決率達到___%
大客戶資料管理	1.負責大客戶檔案建立和資料管理	大客戶檔案
	2.根據實際情況適時地對大客戶資料進行更新	資料更新及時、準確

四、客戶關係崗位工作明細

表 1-16 客戶關係主管工作明細表

工作大項	工作細化	目標與成果
規章制度的制定	1.協助客戶服務部經理制定有關客戶關係管理的各項規章制度	各項規章制度
	2.組織實施客戶關係管理的各項制度並監督其實施情況	各項規章制度得到全面執行
客戶關係維護	1.進行有效的客戶管理和溝通，瞭解並分析客戶需求	《客戶需求調查表》
	2.掌握公司所有客戶的信息，對其進行分類統計，按不同的客戶類型進行客戶關係維護工作	客戶的相關信息資料
	3.發展與維護良好的客戶關係	客戶滿意度評價達到___分

表 1-17 客戶關係專員工作明細表

工作大項	工作細化	目標與成果
信息收集	1.對客戶進行深入瞭解，包括客戶需求、購買力等並將此信息反映給相關上級	信息收集及時、準確
	2.對收集的信息進行統計分析，提出改善客戶關係的相關建議或措施	相關建議或措施
客戶關係維護	1.主動瞭解客戶需求，維護客戶關係	客戶需求信息
	2.接待來訪客戶，協助處理客戶提出的一般性問題	客戶滿意度評價達到___分
	3.根據公司的安排拜訪客戶	對客戶的回訪率達到___%

續表

客戶檔案管理	1.對收集到的客戶信息進行歸檔管理	客戶檔案完備率達到___%
	2.對客戶檔案進行及時更新與日常維護	信息更新及時率達到___%

五、售後服務崗位工作明細

表 1-18　售後服務主管工作明細表

工作大項	工作細化	目標與成果
規章制度制定	1.協助客戶服務部經理負責制定公司各類售後服務標準、制度、規範等	售後服務標準、制度、規範等
	2.制定的各項規章制度經上級審批後組織實施	各項售後服務規章制度得到全面執行
售後服務管理	1.負責制訂售後服務計劃、方案、費用等，並組織實施	售後服務計劃、方案
	2.安排人員進行售後服務和技術服務	客戶滿意度評價達到___分
	3.妥善處理和解決客戶投訴	客戶投訴解決率達到___%
	4.安排人員進行客戶回訪工作，瞭解客戶需求及公司客戶服務人員的現場工作情況，提高公司客戶服務品質	對客戶的回訪率達到___%
	5.按照公司要求，組織編制《售後服務工作總結報告》	《售後服務工作總結》

續表

信息管理	1.組織相關人員及時瞭解並匯總客戶對公司產品或服務的意見和要求，並將相關信息及時回饋給相關部門	客戶回饋的信息
	2.及時處理現場服務人員及客戶的回饋信息，對重大品質事故及時通知相關部門，並參與品質問題的分析和制定措施	相關措施
	3.收集統計售後服務過程中發現的品質問題並予以處理	相關措施
客戶關係管理	1.組織人員對公司的客戶進行定期或不定期的回訪，以保持公司與客戶良好的合作關係	對客戶的回訪率達到____%
	2.根據大客戶的實際情況，制定相應的售後服務方案和措施，維護並鞏固與大客戶的關係	客戶滿意度評價達到____分

表 1-19　售後服務專員工作明細表

工作大項	工作細化	目標與成果
信息收集	1.收集與回饋客戶意見	信息收集及時、有效
	2.整理和分析產品售後服務過程中回饋的數據和信息，並將其轉交至相關部門	信息收集及時、有效
售後服務	1.處理客戶的信息諮詢	客戶滿意度評價達到____分
	2.處理客戶的售後服務及技術事宜，將需要服務的客戶信息轉交給相關部門	客戶滿意度評價達到____分
	3.通過電話、網路等方式對售後服務過程進行監督，保證公司的售後服務品質	客戶滿意度評價達到____分
	4.根據需要，對公司的客戶進行各種形式的回訪和調查，以獲取客戶的直接回饋	對客戶的回訪率達到____%

續表

投訴處理	1.受理與記錄客戶投訴、糾紛	《客戶投訴記錄表》
	2.妥善解決客戶的投訴，對重大或特殊的投訴要及時轉交相關上級處理	投訴解決率達到___%
資料管理	1.客戶資料的日常維護與管理	客戶的相關資料
	2.售後服務文件的整理、存檔	售後服務文件

六、客戶投訴崗位工作明細

表 1-20　客戶投訴主管工作明細表

工作大項	工作細化	目標與成果
規章制度的制定	1.協助客戶服務部經理制定客戶投訴管理制度、投訴處理流程與工作標準	客戶投訴管理制度及其相關流程
	2.制定的規章制度、流程及標準經上級審批通過後組織實施	各項規章制度得到全面執行
投訴處理	1.組織人員處理客戶諮詢、投訴、電話回訪等各項客戶服務業務	各項工作順利進行，客戶滿意度評價達到___分
	2.落實客戶對公司產品、服務及其他方面的投訴並予以妥善解決	客戶投訴解決率達到___%
	3.負責重大或特殊投訴事件的受理及跟蹤處理	客戶投訴解決率達到___%
	4.督促完成各類工作報表的制定及上報、匯總、統計工作，分析各類投訴，便於公司制定相應措施和解決方案	各類工作報表

表 1-21　客戶投訴專員工作明細表

工作大項	工作細化	目標與成果
投訴處理	1.負責對客戶投訴事件進行登記並受理	《客戶投訴記錄表》
	2.在投訴處理過程中與相關部門進行協調，及時解決客戶投訴	客戶投訴解決率達到___%
	3.將投訴處理結果提交到公司相關部門	《投訴處理結果報告表》
編制報表	編制《投訴報表》和《投訴分析報告》，為改進客戶服務提供支援	相關報表編制及時
資料管理	投訴資料的歸檔管理	資料歸檔及時、完備

心得欄

七、客戶信息崗位工作明細

表 1-22　客戶信息主管工作明細表

工作大項	工作細化	目標與成果
客戶信用管理	1.安排相關人員收集與調查公司客戶信息，確保信息收集或調查的內容準確性	《客戶信用調查表》
	2.根據客戶信用調查的結果及公司的相關規定對其進行信用級別評定	客戶信用級別評定結果
客戶信息管理系統的管理	1.安排人員進行客戶信息的收集、分析、統計等工作，保證客戶信息準確、完善	客戶相關信息
	2.負責建立客戶信息管理系統，完善客戶信息	客戶信息管理系統

表 1-23　客戶信息專員工作明細表

工作大項	工作細化	目標與成果
客戶信息調查	1.根據公司需要，對客戶的相關信息進行調查與收集	客戶相關信息
	2.對收集到的客戶信息進行整理與分析，並提交給公司相關部門	客戶相關信息
客戶信用管理	1.負責進行客戶信用調查	《客戶信用調查表》
	2.協助客戶信息主管對客戶信用進行評估，並對客戶信用進行分級管理	《客戶信用等級評定表》
客戶檔案管理	1.客戶資料的建檔及管理	客戶檔案
	2.維護客戶信息系統	客戶信息系統

八、呼叫中心崗位工作明細

表 1-24　呼叫中心經理工作明細表

工作大項	工作細化	目標與成果
規章制度的制定	1.組織制定本部門的各項規章制度、工作流程、品質規範等	各項規章制度
	2.指導並落實各項規章制度的執行情況，根據公司實際情況及外部環境的變化對相關規章制度進行修訂	部門各項規章制度得到全面執行
日常運營管理	1.負責呼叫中心的整體運作，指導其日常運營，帶領本部門人員完成工作目標	各項工作有序進行
	2.組織人員做好日常業務諮詢、業務受理、業務投訴處理等工作	客戶滿意度評價達到____分
	3.根據本公司業務模式及外部市場環境，進行項目的設計與開發	新項目開發情況
	4.對相關數據進行分析，爲公司決策提供依據	分析報告
品質監控	1.監督並提高呼叫中心的服務品質	服務水準提高程度
	2.與客戶建立良好的關係並通過呼叫中心業務監督品質規範，密切關注客戶需求變化	客戶滿意度評價達到____分
部門人員管理	1.根據公司實際需求，制訂本部門人員招聘計劃	《人員需求計劃》
	2.合理安排部門人員的各項日常事務與工作	部門任務完成率達到____%
	3.對部門人員工作進行指導與培訓	部門培訓計劃完成率達到____%
	4.負責本部門人員的績效考核工作	考核工作按時完成

表 1-25　座席班長工作明細表

工作大項	工作細化	目標與成果
規章制度的制定	1.協助呼叫中心經理制定呼叫業務管理的相關規章制度、工作流程及工作標準	本部門相關規章制度
	2.執行上級審批通過的呼叫中心管理的各項制度、操作流程，並根據公司發展的實際情況進行適時的修訂與完善	本部門的相關規章制度得到全面執行
呼叫業務管理	1.負責提升本組人員的工作績效，達成本部門的業績目標	部門任務完成率達到___%
	2.處理來自客戶的抱怨、投訴及複雜的客戶諮詢	客戶滿意度評價達到___分
	3.確保客戶服務部新服務或新項目的順利進行	上級滿意度評價達到___分
	4.提出業務改進措施，經相關上級批准後組織實施	相關業務改進措施
員工管理	1.制訂合理的《人力安排計劃》及《人員招聘計劃》	《人員需求計劃》
	2.對座席員的工作進行指導與監督，並對其工作績效進行評估	部門培訓、考核工作按計劃全面完成

表 1-26 座席員工作明細表

工作大項	工作細化	目標與成果
受理客戶諮詢	1.執行呼入、呼出業務的處理工作	工作任務按時完成率達到100%
	2.負責客戶諮詢、信息查詢及疑難問題的解答工作	客戶滿意度評價達到___分
	3.協助客戶進行信息登記和更新工作	信息登錄準確、更新及時
投訴受理	1.對客戶投訴做好相應的記錄，並予以解決	客戶投訴解決率達到___%
	2.對於重大投訴，需要公司統一協調的，報上級處理解決	報告及時
	3.對客戶的投訴進行總結與分析，將相關信息反映給直屬上級	相關分析、總結報告
客戶回訪	1.負責客戶日常的(電話)回訪工作，接受客戶傳遞的意見	對客戶的回訪率達到___%
	2.負責對客戶傳遞的意見進行記錄、分類並整理，對客戶提出的相關意見給予答覆，同時將相關意見反映給直屬上級	客戶相關信息

◎案例　客戶投訴並不一定是壞事

由於客戶認識和期望等方面的差異，以及企業服務人員服務的不足，總會有部份客戶產生意見。

大多數客戶對企業持有意見或不滿的時候，往往會選擇逃避或轉向競爭對手。只有小部份客戶會選擇向企業抱怨或投訴，說明該部份客戶對企業仍然抱有信心，期望得到進一步服務或補救。所以，客戶投訴與抱怨並不一定是壞事，關鍵在於對客戶抱怨事件要處理好，才有可能繼續保有客戶的忠誠。

一、案例實況

實例一：某機構曾做過一項關企業客戶流失的調查，發現客戶流失情況呈現以下規律：

⑴ 1%的客戶死啦，對此我們毫無辦法。

⑵ 3%的客戶離開啦，我們無能力顧及，除非提高運營成本。

⑶ 5%的客戶，隨著時間其價值觀發生了變化，改變了消費習慣和行爲。

⑷ 9%的客戶因競爭者的價格和利益而離去。

⑸ 14%的客戶因無法接受你的產品或服務品質而離去。

⑹ 68%的客戶因爲你置他們的要求於不顧而離開。

實例二：美國某知名市場機構曾對客戶抱怨與處理現象進行跟蹤，得出以下一組數字：

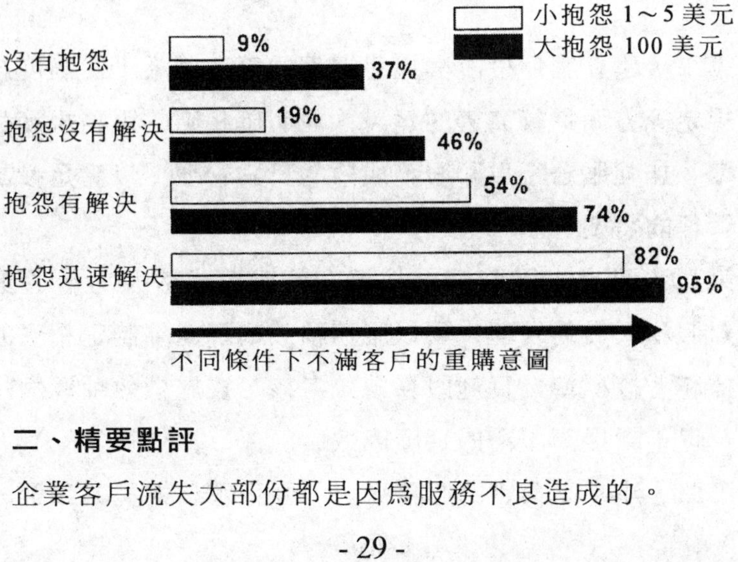

不同條件下不滿客戶的重購意圖

二、精要點評

企業客戶流失大部份都是因爲服務不良造成的。

如何針對性滿足客戶需求及服務要求，是企業客戶服務的關鍵。

在客戶服務和流失管理中，有些客戶的流失是無法避免的，但是要設法避免以下情形的發生：客戶因競爭者的價格和利益而離去，客戶因無法接受你的產品或服務品質而離去，客戶因爲你置他們的要求於不顧而離開。因爲這些類型的客戶佔流失總數的 90%以上，所以要分析服務品質和客戶要求，針對性提高客戶服務品質，提高客戶對服務的滿意程度。

同時，在客戶抱怨處理中，要提高服務速度和服務品質，有效解決客戶抱怨或投訴的問題，避免客戶二次不滿意，以提高客戶對企業產品的重購率。

三、實戰擴展

第一，企業服務人員要全面重視客戶服務工作，樹立良好的服務精神和服務理念，特別要重視客戶投訴與抱怨事件的處理。

第二，建立客戶投訴與抱怨處理的管理體系，從制度、流程、規定等方面進行完善的建設，並明確相應的服務規範與服務標準，加強服務行爲和服務成效的日常管理，以滿足投訴與抱怨管理的需要。

第三，建立以服務績效爲導向的服務成效及考核管理體系。對服務人員的管理，要以服務績效爲導向，制定相應的考核指標和考核標準，實施服務績效考核，實施績效輔導與績效改善，以不斷提高服務的實際成效。

第四，建立高素質的服務隊伍。強化服務人員的甄選，選擇有優秀服務素質的合格人員，並強化日常技能培訓，特別是客戶投訴和抱怨處理技巧方面的訓練。

四、常見偏失

實際工作中，在客戶投訴與抱怨管理方面，企業常見的不足與錯誤主要有以下幾個方面：

⑴不重視客戶投訴與抱怨管理的建設。

⑵被動式接受客戶投訴與抱怨。

⑶客戶服務缺乏關鍵技能，尤其是客戶投訴與抱怨處理方面的原則和技巧沒有掌握好。

⑷企業不重視或沒有建立客戶服務人員的績效考核和輔導體系。

五、小結與提醒

一定要通過高品質服務來確保客戶滿意度，以防止客戶流失。

客戶不滿意並不可怕，可怕的是客戶不滿意進行投訴和抱怨的時候，企業服務人員沒有處理客戶事件，造成客戶二次不滿意，這會導致客戶流失而永不回頭。因此要重視客戶投訴和抱怨管理建設，建立完善的管理體系和服務規範、標準，培養高素質的服務隊伍，才能滿足客戶服務投訴管理的需要。

第 2 章

客戶開發崗位

第一節　客戶開發經理

一、關鍵業績指標

1.主要工作

⑴根據企業的發展目標和實際情況，負責制訂客戶開發計劃，並組織實施。

⑵負責設計和改進客戶開發工作流程，並指導、培訓相關工作人員執行。

⑶組織下屬員工進行市場信息和客戶信息的調查活動，並對調查過程進行監督及指導。

⑷根據客戶開發策略，組織客戶管道的維護和拓展工作。

⑸監督、指導下屬人員定期開展客戶回訪工作，對工作品質和工作成果進行評估。

⑹負責大客戶、特殊客戶的開發與維護工作。

⑺負責協助下屬人員協調客戶關係及客戶開發過程中突發事件的處理。

⑻負責完成上級臨時交辦的工作。

2.關鍵業績指標

⑴客戶開發計劃完成率。

⑵客戶開發流程改善目標達成率。

⑶平均客戶開發成本。

⑷客戶滿意度。

二、考核指標設計

根據企業市場發展戰略與客戶開發經理崗位的主要工作內容，對客戶開發經理這一崗位所設計的考核指標內容如下表。

表 2-1　客服關係經理考核指標設計表

被考核者			考核者		
部門			職位		
考核期限			考核日期		
關鍵績效指標		權重	績效目標值	考核得分	
				指標得分	加權得分
財務類	平均客戶開發成本	15%	考核期內單個客戶開發成本控制在___元以內		
	客戶開發管理費用控制	5%	考核期內客戶開發管理費用控制在預算以內		

續表

運營類	客戶開發計劃完成率	20%	考核期內客戶開發計劃完成率達到___%		
	大客戶開發計劃完成率	10%	考核期內大客戶開發計劃完成率達___%		
	客戶調研計劃完成率	10%	考核期內客戶調研計劃完成率達到___%		
	客戶開發流程改善目標達成率	5%	考核期內客戶開發流程改善目標達成率爲___%		
	客戶管道開發計劃完成率	10%	考核期內客戶管道開發計劃完成率爲___%		
客戶類	主管對客戶開發工作的滿意度	5%	考核期內上級滿意度平均得分達___分以上		
	客戶滿意度	10%	考核期內客戶滿意度平均得分達___分以上		
學習發展類	核心員工保有率	5%	考核期內核心員工保有率達到___%		
	培訓計劃完成率	5%	考核期內培訓計劃完成率達到___%		
合計					

被考核者	考核者	覆核者
簽字：　　日期：	簽字：　　日期：	簽字：　　日期：

三、績效考核細則

表 2-2　績效考核細則

文本名稱	客戶開發經理目標責任書	受控狀態	
		編　號	

一、目的

1.爲了規範公司客戶開發管理工作，落實工作責任，提高工作效率，促進公司客戶開發工作的順利進行，特簽訂本責任書。

2.對客戶開發經理工作達成情況的考核應力求客觀、公正，其考核結果將作爲薪資調整及崗位晉升的依據。

二、責任期限

______年___月___日～______年___月___日

三、責任年薪

客戶開發經理年薪＝固定工資×60%＋浮動工資×30%＋績效獎勵×10%

四、工作目標與考核

1.根據公司發展需要，制訂及實施客戶調查計劃。

⑴及時制訂客戶調查計劃。在規定時間內，編寫並及時提交客戶調查計劃。每出現 1 次延遲，扣減浮動工資的___%。

⑵客戶調查計劃完成率＝客戶調查計劃實際完成量÷客戶調查計劃應完成量×100%。本年度客戶調查計劃完成率應達到 100%，每低%，扣減浮動工資的___%。

2.結合公司的發展目標，聯繫實際，制訂及實施客戶開發計劃，完善客戶開發工作流程。

⑴制訂客戶開發計劃的及時性與合理性。綜合分析公司的實際發展目標，制訂切實可行的客戶開發計劃，並按時提交。每出現 1 次延遲，扣減浮動工資的___%。

續表

⑵客戶開發計劃完成率＝客戶開發計劃實際完成量÷客戶開發計劃應完成量×100%。本年度客戶開發計劃完成率應達到100%，每低___%，扣減浮動工資的___%。 ⑶客戶增長率＝新開發客戶數量÷客戶總數×100%。本年度計劃新開發客戶___家，客戶增長率到___%，每低___%，扣減浮動工資的___%；每超出___%，增加浮動工資的___%。 ⑷客戶開發流程改善目標達成率＝客戶開發流程改善目標達成的項數÷客戶開發流程改善目標設定的項數×100%。本年度客戶開發流程改善目標達成率爲100%，每低___%，扣減浮動工資的___%。 3.積極拓展客戶開發管道，爲客戶開發工作提供保證。 ⑴客戶管道開發計劃完成率＝客戶管道開發計劃實際完成量÷客戶管道開發計劃應完成量×100%。本年度客戶管道開發計劃完成率應達到100%，每低___%，扣減浮動工資的___%。 ⑵結合公司客戶開發需求，拓展和維護客戶開發管道。本年度客戶開發管道拓展和維護情況評估得分應達到___分，每低___%，扣減浮動工資的___%；每高___分，增加浮動工資的___%。 4.指導部門人員進行客戶回訪工作，收集客戶意見，並改進公司服務以滿足客戶需求。 ⑴回訪完成率＝實際回記數量÷應回訪客戶數量×100%。客戶回訪完成率應達到100%，每低___%，扣減浮動工資的___%。 ⑵綜合分析客戶開發及回訪的工作內容，編制《客戶滿意度調查問卷》。客戶滿意度調查問卷的平均得分應達到___分以上，每少___分，扣減浮動工資的___%；每多___分，增加浮動工資的___%。 5.指導、管理下屬員工的日常工作。 ⑴下屬員工一般性違反公司紀律的現象每發生1次，扣減浮動工資的___%，出現嚴重違紀違規的現象每發生1次，扣減浮動工資的___%。 ⑵下屬員工培訓管理。培訓計劃完成率應達到100%，每低___%，扣減浮動工資的___%。

續表

⑶根據公司的考核制度，對下屬員工實施考核。考核應做到客觀、公正，評價不當或有失公允的評價現象每發生 1 次，扣減浮動工資的____%。

五、薪酬發放

1.按月發放固定薪資____元，浮動部份爲____～____元，根據工作目標完成情況確定客戶開發經理每月浮動工資的發放額度。

2.根據年度考核結果確定客戶開發經理的績效獎勵，獎勵額度爲____～____元。

六、附則

1.本公司在經營環境發生重大變化或發生其他情況時，有權修改本責任書。

2.本責任書自簽訂之日起生效，責任書一式兩份，公司、客戶開發經理各存留一份。

總經理簽字：　　　　　　　客戶開發經理簽字：

日期：　　　　　　　　　　日期：

相關說明					
編制人員		審核人員		批准人員	
編制日期		審核日期		批准日期	

心得欄 ----------------------------------

第二節　客戶開發主管

一、關鍵業績指標

1.主要工作

⑴協助客戶開發經理制訂客戶開發計劃及相關管理制度並提出合理化建議。

⑵具體負責《客戶調查計劃》的編制，並組織實施。

⑶指導客戶開發專員編制《客戶調查問卷》或《客戶調查表》，並組織實施客戶調查活動。

⑷根據要求，組織客戶開發專員開展客戶回訪工作，對回訪頻率、品質進行監督、控制。

⑸根據客戶開發計劃，組織客戶開發專員積極開展客戶管道維護與拓展工作。

⑹收集、統計各類客戶需求、客戶回饋，並向有關部門及時提交《客戶需求分析報告》。

⑺負責大客戶、特殊客戶的開發與關係維護工作。

⑻完成上級臨時交辦的工作。

2.關鍵業績指標

⑴客戶開發任務完成率。

⑵客戶調研計劃按時完成率。

⑶客戶回訪率。

⑷客戶滿意度。

二、考核指標設計

(一)客戶開發主管目標管理卡

結合客戶開發主管上期績效考核的實際業績，制定其下期績效考核的目標。具體如表 2-3 所示。

表 2-3　客戶開發主管目標管理卡

<table>
<tr><td>考核期限</td><td></td><td>姓　名</td><td></td><td>職　位</td><td></td><td>員工簽字</td><td></td></tr>
<tr><td>實施時間</td><td></td><td>部　門</td><td></td><td>負責人</td><td></td><td>經理簽字</td><td></td></tr>
</table>

<table>
<tr><td colspan="5">1.上期實績自我評價（目標執行人記錄後交直屬經理評價）</td><td rowspan="11">1</td><td>2.直屬經理評價</td></tr>
<tr><td colspan="3">相對於目標的實際完成程度</td><td>自我評分</td><td>經理評分</td><td>⑴目標實際達成情況</td></tr>
<tr><td colspan="3">組織實施客戶開發工作。客戶開發任務完成率爲___%，與預期目標相比，超（少）___%</td><td></td><td></td><td rowspan="4"></td></tr>
<tr><td colspan="3">組織客戶調查工作。客戶調查計劃完成率爲___%，與預期目標相比，超（少）___%</td><td></td><td></td></tr>
<tr><td colspan="3">定期對客戶進行回訪。客戶回訪率爲___%，與預期目標相比，超（少）___%</td><td></td><td></td></tr>
<tr><td colspan="3">考核期內，客戶滿意度問卷的平均得分爲___分，與預期目標相比，超（少）___分</td><td></td><td></td></tr>
<tr><td colspan="5">3.下期目標設定（與直屬經理討論後記入）</td><td rowspan="2">⑵與目前職位要求相比的能力素質差異</td></tr>
<tr><td colspan="2">項　目</td><td>計劃目標</td><td>完成時間</td><td>權重</td></tr>
<tr><td>工作目標</td><td>客戶開發任務完成率</td><td>達到___%</td><td></td><td></td><td></td></tr>
</table>

續表

工作目標	客戶調查計劃完成率	達到___%				
	客戶回訪率	達到___%			⇐2	
	客戶滿意度	客戶評價平均分達到___分以上				(3)能力素質
個人發展目標	培養領導能力	參加培訓___次/季				
	提高溝通能力	參加溝通能力訓練課程___次/季				

(二)客戶開發主管績效考核表

結合考核期初制定的客戶開發主管目標管理卡，從主要工作完成情況、工作能力和工作態度3個方面來設計客戶開發主管的績效考核表。詳細的考核指標及權重分配見表2-4。

表2-4 客戶開發主管績效考核表

員工姓名：________ 職　位：________

部　　門：________ 地　點：________

評估期限：自____年___月___日至____年___月___日

1.主要工作完成情況

序號	主要工作內容	考核內容	目標完成情況	考核分數	
				分值	考核得分
1	根據任務需要，組織開展客戶調研工作	客戶調查任務完成率			
2	根據企業戰略發展需求，進行新客戶開發	客戶開發任務完成率			
3	定期對客戶進行回訪，瞭解客戶需求變化	客戶回訪率			
4	對客戶進行回訪，解決客戶需求	客戶滿意度			

2.工作能力

考核項目	考核內容	分值	考核得分		
			自評	考核人	考核得分
溝通能力	能否針對不同聽眾，適當地調整語言和表達方式以取得一致性結論				
創新能力	是否善於打破腐朽，能建設性地促進工作進步，而不受當前問題的影響				
預期應變能力	能否意識到並能根據當前的機遇行事，且迅速、堅定地解決問題				

3.工作態度

考核項目	考核內容	分值	考核得分		
			自評	考核人	考核得分
工作主動性	能否積極主動且高標準地完成分內和分外工作				
服務態度	對客戶的服務是否週到、熱情				
堅忍性	能否克服自身和外部困難，堅持完成工作				

請把您認爲合適的數值塡寫在相應方格內，如塗改，請塗改者在塗改處簽字，評後準時送交人力資源部。

被考核者(自評人)簽名：　　　　　　直接上級簽名：

三、績效考核細則

表 2-5 績效考核細則

考核細則	客戶開發經理目標責任書			受控狀態	
				編　號	
執行部門		監督部門		考證部門	

一、考核目的

1.評價客戶開發主管工作中的優缺點，並給於回饋，以幫助客戶開發主管改進工作，提高工作績效。

2.爲客戶開發主管的年底獎金發放及職位晉升等工作提供參考。

二、考核主體和形式

採用客戶開發經理直接考核、客服部其他主管評議、客戶開發專員評議、客戶開發主管本人自我鑑定相結合的考核形式。

三、考核內容

客戶開發主管的考核包括工作業績考核、工作能力考核和工作態度考核 3 個方面。具體考核內容見下表。

客戶開發主管考核指標及細化表

考核維度	考核指標	權重	指標說明及細化標準	考核週期
工作業績（80%）	客戶開發任務完成率	25%	1.考核期內客戶開發任務完成量÷當期客戶開發任務總量×100% 2.達到目標值，得___分；每低___%，扣___分；每高___%，加___分；低於___%，該項得分爲 0 分	季/年度
	客戶回訪率	25%	1.目標值＝實際回訪的客戶數量÷客戶總數量×100%	季/年度

續表

工作業績(80%)	客戶回訪率	25%	2.達到目標值得___分；每低___%，扣___分；每高___%，加___分；低於___%，該項得分爲0分	季/年度
	客戶滿意度	30%	1.根據客戶開發主管的工作內容編制《客戶滿意度調查問卷》，以滿意度調查問卷的平均得分進行評價 2.滿意度調查問卷的平均得分達到___分以上，得___分；每低___分，減___分，最低爲0分；每高___分，加___分，最高分爲100分	季/年度
工作能力(10%)	溝通協調能力	5%	1.不善於傾聽，無法清晰表述自己的觀點，且不善於利用資源進行組織、協調工作，得___分 2.能夠做到有效傾聽，正確表述自己的觀點，並能利用資源協調工作的開展，得___分 3.善於傾聽，表述自己觀點正確、清晰、有條理，且能充分利用資源組織、協調工作的順利開展，得___分	季/年度
	觀察能力	5%	1.觀察細緻入微，關注細節，盡可能多地獲取需要信息，得___分 2.觀察力一般，能夠注意到細節問題，獲取信息量尚可，得___分 3.僅關注事情的宏觀狀態，很少關注細節，獲取信息量少，得___分	季/年度
工作態度(10%)	服務態度	5%	1.對所有客戶均能禮貌相待，服務熱情、週到、細緻，得___分	月/季/年度

續表

工作態度(10%)	服務態度	5%	2.具備一定的服務意識，但服務行爲不到位、不標準，得___分 3.服務態度較差，易引起客戶不滿，得___分	月/季/年度
	堅忍性	5%	1.接到困難任務後，能夠通過各種方法來克服困難並完成任務，得___分 2.受到挫折或批評時，能夠抑制自己的消極想法和衝動，及時反思自己的行爲，得___分 3.面對困難時，出現退縮的行爲或情緒波動，得___分	月/季/年度

四、考核結果應用

1.季獎金和年終獎金的發放。

季考核的結果主要作爲季獎金的發放依據，年度考核的結果主要作爲年度獎金的發放依據。獎金基數的確定參照人力資源部制定的部門獎金管理制度，獎金係數根據考核結果確定。具體標準如下表所示。

獎金係數計算標準

分　值	95分（不含）	85（不含）～95分	75（不含）～85分	65（不含）～75分	65分（含）以下
獎金係數	1.5	1.2	0.8	0.1	無

2.績效改進。

通過考核發現客戶開發主管工作中存在的優、缺點，並安排相應的培訓，以改進客戶開發主管工作中存在的不足，提升其工作績效。

編制日期		審核日期		批准日期	
修改標記		修改處數		修改日期	

第三節　客戶開發專員

一、關鍵業績指標

1.主要工作

⑴負責新客戶的開發與老客戶的維護工作。

⑵對客戶信息、客戶需求進行市場調查。

⑶對潛在客戶、新客戶進行定期拜訪關係維護。

⑷對客戶資料進行收集、整理與分析，並按時提交各種客戶分析表單。

⑸與客戶進行合作談判，確定合作條款及簽訂合作合約，並對合作合約進行實施與管理。

⑹建立客戶檔案，並根據實際情況對客戶檔案進行及時更新，以便於開發。

⑺完成上級臨時交辦的工作。

2.關鍵業績指標

⑴新客戶開發量。

⑵客戶回訪次數。

⑶客戶檔案完整性。

⑷客戶滿意度。

二、考核指標設計

(一)客戶開發專員目標管理卡

通過對客戶開發專員的工作職責進行分析，結合其上期績效考核的成績，制定客戶開發專員下期績效考核的目標管理卡，詳見表 2-6。

表 2-6 客戶開發專員目標管理卡

考核期限		姓　名		職　位		員工簽字	
實施時間		部　門		負責人		主管簽字	

1.上期實績自我評價(目標執行人記錄後交直屬主管評價)				2.直屬主管評價
相對於目標的實際完成程度	自我評分	主管評分		(1)目標實際達成情況
根據實際情況開發新客戶，新增客戶數量爲___家，與預期目標相比，超(少)___家				
定期對現有客戶進行回訪，客戶回訪次數爲___次，與預期目標相比，超(少)___次			1⇨	
及時準確地回收、歸檔調查問卷和客戶資料，錯誤次數爲___次，與預期目標相比，超___次				
客戶滿意度調查的平均得分爲___分，與預期目標相比，超(少)___分				

續表

3.下期目標設定（與直屬主管討論後記入）						⑵與目前職位要求相比的能力素質差異
項　　目		計劃目標	完成時間	權重		
工作目標	新客戶開發數量	達到___家				
	客戶回訪次數	達到___次				
	客戶資料歸檔錯誤次數	低於___次				
	客戶滿意度	達到___分以上			2	⑶能力素質提升計劃
個人發展目標	參加業餘培訓	參加培訓課時不少於___課時/季				
	閱讀客戶管理類書籍	不少於___本/季				

心得欄

(二)客戶開發專員績效考核表

對客戶開發專員的績效考核包括主要工作完成情況、工作能力和工作態度3個方面,詳細的考核指標及權重分配如下表。

表 2-7　客戶開發專員績效考核表

員工姓名:________________　職　　位:________________

部　　門:________________　地　　點:________________

評估期限:自______年___月___日至______年___月___日

1.主要工作完成情況

序號	主要工作內容	考核內容	目標完成情況	考核分數	
				分值	考核得分
1	按照企業發展規劃,進行新客戶的開發	新客戶開發數量			
2	按要求,定期對現有客戶進行回訪	客戶回訪次數			
3	及時、準確、全面地歸檔客戶資料	客戶檔案資料遺失或損壞件數			
4	爲企業現有及潛在的客戶提供細緻週到的服務	客戶滿意度			

2.工作能力

考核項目	考核內容	分值	考核得分		
			自評	考核人	考核得分
人際理解能力	是否能夠準確地把握他人未表達的情感，並且能判斷其情感將要發生的變化				
溝通能力	能否與他人進行深入溝通，通過交流對他人有全面、深刻的瞭解				

3.工作態度

考核項目	考核內容	分值	考核得分		
			自評	考核人	考核得分
工作積極性	能否熱情且高標準地完成分內的工作				
服務態度	對內、對外用戶服務週到、熱情				

請把您認爲合適的數值塡寫在相應方格內，如塗改，請塗改者在塗改處簽字，評後準時送交人力資源部。

被考核者(自評人)簽名：　　　　　　直接上級簽名：

三、績效考核細則

表 2-8 績效考核細則

考核細則	保險公司客戶開發專員 績效考核實施細則		受控狀態	
			編　號	
執行部門		監督部門	考證部門	

一、考核內容

1.工作業績考核(80%)。

保險公司客戶開發專員工作業績考核表

考核項目	考核指標	權重	指標說明及細化	得分
保險客戶信息收集	區域內，保險客戶信息收集的及時性	10%	1.未及時收集區域內的潛在和現存保險客戶信息的次數 2.達到目標值，得___分；每超目標值___次，減___分，最低爲0分	
	區域內，保險客戶信息收集的準確性	10%	1.收集區域內保險客戶信息時，出錯的次數 2.達到目標值，得___分；每超目標值___次，減___分，最低爲0分	
新投保客戶	新投保客戶數量	10%	1.考核期內，區域內新投保客戶數量達到___個 2.達到目標值，得___分；每少___個，減___分，最低分0分；每高目標值___個，加___分，最高分爲___分	

續表

	投保客戶回訪率	10%	1. 目標值＝實際回訪客戶數÷應回訪客戶數×100% 2. 考核期內，對區域內已投保客戶的回訪率達到目標值，得___分；每低___%，減___分，最低分0分；每高___%，加___分，最高分爲___分	
投保客戶回訪	投保客戶意見回饋及時率	10%	1. 目標值＝標準時間內回饋保險客戶意見次數×需要回饋的總次數×100% 2. 考核期間，在對區域內已投保客戶進行回訪時，能夠及時回饋保險客戶提供的信息，投保客戶意見回饋及時率達到目標值，得___分；每低目標值___%，減___分，最低分0分；每高目標值___%，加___分，最高分爲___分	
	投保客戶滿意度	10%	1. 根據保險客戶開發專員的工作內容，如進行客戶回訪時的態度、險種信息介紹的全面性與準確性、保險客戶信息回饋的及時性等方面編制《保險公司客戶滿意度調查問卷》，以滿意度調查問卷的平均得分進行評價	

續表

投保客戶回訪	投保客戶滿意度	10%	2.滿意度問卷的平均得分達到____分以上，得____分；每低____分，減____分，最低爲 0 分；每高____分，加____分，最高分爲____分	
保險客戶資料歸檔	保險客戶資料歸檔錯誤率	10%	1.目標值＝保險客戶資料歸檔錯誤次數÷保險客戶資料歸檔總次數×100% 2.保險客戶資料歸檔錯誤率控制在____%以內，得____分；每超____%，減____分，最低爲 0 分	
	保險客戶資料歸檔及時率	10%	1.目標值＝保險客戶資料及時歸檔次數÷保險客戶資料歸檔總次數×100% 2.保險客戶資料歸檔及時率達到____%，得____分；每低____%，減____分，最低爲 0 分	

2.工作能力考核(10%)。

對保險公司客戶開發專員的工作能力考核，包括人際理解能力和市場信息分析能力 2 個方面。

⑴人際理解能力(5%)。

與客戶交流時，缺乏談話技巧，難以清晰地理解其語意，得____分；在與客戶交流時能夠清晰地表達個人意見，理解力強，並能與客戶進行順暢溝通，得____分；有很強的表達能力和領悟能力，談吐親切和藹，語言詼諧幽默，富有魅力，得____分。

續表

⑵市場信息分析能力(5%)。

充分掌握公司區域市場保險用戶開發管道、險種知識及保險市場等信息資源，並能利用相關數據，分析區域內相關險種的市場行情，預見公司潛在的競爭危機，得___分；研究公司在區域內的相關歷史數據，瞭解區域內保險市場的趨勢和發展動態，並積極參與保險行業的交流活動，得___分；瞭解進行市場分析所需信息的種類和來源，並能利用有效資源掌握公司相關險種或服務在區域內的市場特點，得___分。

3.工作態度考核(10%)。

⑴主動性(5%)。

工作具有自動性與自發性，能夠根據公司發展，積極主動地展開區域內保險市場調查，開發新的保險客戶，得___分；在考核期內，根據公司的發展需求，開發新的保險客戶，得___分；未能在規定時間內完成新的保險客戶開發任務，得___分。

⑵服務態度(5%)。

接待客戶時，禮貌相待，服務熱情、週到、細緻，能夠詳細解答客戶提出的有關保險的知識，有問必答，百問不煩，得___分；接待客戶時，禮貌禮節到位，對於客戶提出的相關保險問題，大多能認真傾聽，詳細解答，偶爾會出現不耐煩，得___分；對客戶反應平淡，愛搭不理，得___分。

二、考核得分計算

1.季考核得分＝工作業績得分×60%＋工作能力得分×25%＋工作態度得分×15%。

2.年度考核得分＝季考核得分平均值×60%＋年終考核得分×40%。

三、考核結果應用

1.根據保險公司客戶開發專員年度績效考核的總得分，對不同績效的客戶開發專員進行薪資調整。具體調整方案如下表所示。

續表

保險公司客戶開發專員考核結果應用					
考核得分			薪資調整		
90分(含)以上			基本工資×1.2		
80(含)～90分			基本工資×1.0		
60(含)～80分			基本工資×0.9		
60分以下			基本工資×0.8		
2.通過績效考核，明確保險公司客戶開發專員需要提升的專業知識與工作技能，並安排相應的培訓提升其相關技能，促進其發展。 3.為保險公司客戶開發專員的職位變動提供參考和依據。					
編制日期		審核日期		批准日期	
修改標記		修改處數		修改日期	

◎案例　如此說詞實在令人失望

在客戶服務中，如何高效解決客戶的問題，並給客戶圓滿的答覆與解釋，的確是十分關鍵的技巧。

首先要瞭解清楚客戶的關鍵問題所在與相關情況，迅速判斷問題的原因，尋求合理有效的途徑與方法，並給予客戶圓滿的解釋。但千萬不要有「藉口」，更不能有不負責任的「說詞」。

對客戶的「藉口」、「說詞」，其實是把服務問題推向客戶，變相減輕自己的服務責任與負荷。這實在是不負責的做法，會直接導致客戶更加不滿，失去客戶對服務企業的信任。

一、案例實況

王先生使用某品牌手機，其手機卡號為該地區某通信運營商所有。剛使用一段時間，實施手機轉移呼叫操作，發現該功能無法實現。王先生開始以爲是自己操作不正確，便仔細研讀說明書，最終還是操作不成功。

於是，王先生致電該運營商服務中心，詢問該中心服務人員，網路是否具有呼叫轉移功能，並告之目前不能呼叫轉移的狀況。該運營商服務中心的服務人員肯定網路具有呼叫功能，而且告訴客戶，可能是客戶的手機有品質問題，要求客戶去找手機店解決問題。

王先生致電手機廠家服務中心，廠家告之該款手機具有呼叫轉移功能，目前狀況肯定是運營商網路內部設置或晶片有問題，並告之換張同類晶片試試即可知道。

找來同類的手機卡測試，發現不是手機的問題，於是再次致電運營商服務中心，服務中心還是認爲是手機的問題，經客戶解釋並告之手機廠商的說法，該中心服務人員又說是轉移操作問題，在電話中不厭其煩教客戶怎麼做。前後3天，客戶致電無數次，都無法解決問題。客戶非常生氣，跑到營業中心要求檢測修復，營業中心自取卡檢測到恢復功能前後 10 分鐘不到，問其原因，說是晶片問題。

其實內行知道，這純粹是說詞。客戶爲解決手機呼叫轉移問題，前後致電無數次，花費不少時間精力，尤其是大老遠跑到營業中心，的確是十分懊惱，後又多次就該問題進行投訴，也音信全無。

二、精要點評

服務業存在不少的「霸王條例」，也存在不少的「霸王做法」。

對客戶的「藉口」、「說詞」，是霸王做法的一種形式。

「霸王」做法，就是對客戶的「霸道」，就是沒有從客戶角度去考慮服務問題，沒有對客戶的服務利益負責，不敢或不願意承擔應該承擔的服務責任。「霸王」做法，只是照顧了企業自身利益，減輕服務人員的負擔，而無視對客戶的優質服務、滿意服務給企業帶來的發展價值。面對客戶的服務問題，應該全面傾聽，瞭解清楚客戶問題所在，

判斷其真實原因，要多從企業自身找問題，承擔應有的責任，設法更好更快地解決客戶問題，而不是把問題推向客戶，更不能找「藉口」或「說詞」，來推卸自己的責任。否則造成客戶問題擴大化，即使最終解決了客戶問題，也會讓客戶產生二次不滿意或新的抱怨。

三、實戰擴展

客戶購買的不僅僅是商品，更是企業的商品價值、形象價值、人員價值、服務價值。必須通過服務，有效解決客戶在購買、使用過程中所產生的問題；通過服務，讓客戶感受到愉悅、關懷，從而變得更加忠誠；通過服務，爲長期關係建立基礎。

客戶服務人員在工作中需要承擔以下任務與責任：

第一，滿足客戶瞭解企業、產品、服務的需要。

第二，解決客戶購買前諮詢、購買中服務的要求。

第三，解決客戶使用中的技術、安裝、使用、維護與維修等問題。

第四，客戶不滿意的異議處理。

第五，客戶抱怨和情緒的處理。

良好的客戶服務，首先需要快速判斷客戶的服務需求，掌

握聽、察、問、斷、定的基本功夫。

聽——耐心傾聽，完整理解客戶用意與要求。

察——細心體察客戶語氣和態度、形體動作和表情。

問——善於詢問客戶，引導客戶找出問題所在。

斷——判斷客戶問題所在，判斷客戶所屬的類型和個性特點。

定——確定客戶存在的個性問題及所需要的服務。

在服務過程中，需要針對客戶情況和個性特徵實施服務，並有效運用以下相關技巧：

第一，保持良好的客戶服務態度，特別是語氣和形體動作、表情。

第二，耐心，別急著表態或急於解決客戶問題。

第三，先聽清楚客戶的問題和要求，判斷客戶類型和個性特點。

第四，善於用問題導向來引導客戶的服務需求。

第五，讓客戶感覺到你在幫助他，而不是解決問題的對手。

第六，解決問題的關鍵在於進步和改善，那怕是客戶的責任也不要推卸。

第七，儘量以商量的口氣去徵詢客戶意見。

第八，關鍵要根據客戶個性採用適合的服務方式。

四、常見偏失

在實際工作中，客戶服務人員常犯的錯誤有：

⑴沒有良好的服務道德與精神，喜歡推脫應該承擔的服務責任。

⑵不注重或沒有瞭解清楚客戶的問題及其原因。

⑶不善於發現與挖掘客戶的服務需求，喜歡用自己的經驗和感覺代替客戶的服務需求。

⑷對自身的服務和產品的相應情況不熟悉，以致無法準確和快速解決客戶的問題。

⑸沒有實施針對性客戶服務措施。

⑹在解決客戶問題時，不善於溝通與協商，導致客戶產生不滿意。

五、小結與提醒

對客戶的「藉口」、「說詞」，都是「霸王」做法。

「藉口」也罷、「說詞」也罷，都是把服務問題推向客戶，變相減輕自己的服務責任與負荷，這實在是不負責的做法，會直接導致客戶的更加不滿，失去客戶對企業的信任。

心得欄

第 3 章

客戶關係崗位

第一節　客戶關係經理

一、關鍵業績指標

1.主要工作

⑴負責建立客戶關係管理的各項制度，並監管各項制度的落實、執行。

⑵制訂客戶關係維護的工作計劃並組織實施。通過有效的管理保證客戶關係工作的高效開展，圓滿完成。

⑶參與客戶服務政策的制定工作，組織新服務政策的宣傳、落實工作。

⑷與相關部門協調，制定客戶服務工作流程與標準，並負責流程的推廣及維護工作。

⑸負責組織制定客戶信息管理方案，並指導下屬員工做好

客戶信息的整理、分析等工作。

⑹定期進行客戶關係分析，對客戶關係進行評價，對客戶關係異常狀態預警。

⑺組織下屬員工的客戶服務培訓工作，為下屬員工的日常工作提供指導和支援。

⑻完成上級交辦的其他工作事項。

2.**關鍵業績指標**

⑴客戶關係維護計劃完成率。

⑵大客戶流失率。

⑶客戶關係維護費用。

⑷客戶滿意度。

二、考核指標設計

根據客戶關係經理崗位的主要工作內容和工作計劃需要，績效考核指標設計如表 3-1 所示。

表 3-1　客服關係經理考核指標設計表

被考核者				考核者		
部門				職位		
考核期限				考核日期		
關鍵績效指標		權重	績效目標值		考核得分	
					指標得分	加權得分
財務類	客戶關係維護費用	15%	考核期內，客戶關係維護費用不超過預算			

續表

運營類	客戶關係維護工作計劃完成率	30%	考核期內，100%完成計劃內的客戶關係維護工作		
	客戶關係維護工作流程改進目標達成率	15%	考核期內，客戶關係維護工作流程改進目標達成率在____%以上		
	大客戶流失率	10%	考核期內，大客戶流失率不高於____%		
客戶類	客戶滿意度	15%	考核期內，客戶滿意度評分在____分以上		
	協作部門滿意度	5%	考核期內，協作部門滿意度評分在____分以上		
學習發展類	培訓計劃完成率	5%	考核期內，100%完成培訓計劃		
	員工能力增長	5%	考核期內，下屬員工能力考評平均達____分		
合計					

被考核者	考核者	覆核者
簽字：　　日期：	簽字：　　日期：	簽字：　　日期：

心得欄

三、績效考核細則

表 3-2 績效考核細則

<table>
<tr><td rowspan="2">文本名稱</td><td rowspan="2">客戶關係經理目標責任書</td><td>受控狀態</td><td></td></tr>
<tr><td>編　　號</td><td></td></tr>
<tr><td colspan="4">
甲方：＿＿＿＿＿＿＿＿
乙方：＿＿＿＿＿＿＿＿
一、總則
1.此目標責任書目的在於充分激發公司客服部門管理人員積極性，充分挖掘人力資源潛力；建立公司總部對公司各層管理人員目標責任考核體系，以加強對下屬的有效監控；推動整個集團的經營管理工作逐步向理性、科學、精細和規範的方向發展。
2.對客戶關係經理工作完成情況的評價應以規定的考核項目、可靠的材料及確認的事實爲依據。考核自始至終應以公正爲原則，決不允許徇私舞弊。
二、工作目標
1.責任期首季，完成客戶需求信息回饋流程的設計工作並健全各項客戶關係管理制度。
2.考核期內用於客戶關係維護的所有費用不得超出預算金額，預算金額爲＿＿萬元。
3.責任期內理順所有客戶關係，公司進行的客戶關係評價中成績不低於 B。
4.責任期內客戶流失率不得超過＿＿%，政府機關類客戶流失率爲 0。
5.責任期內客戶對下屬員工的有效投訴次數不得高於＿＿次。
6.責任期內至少開展＿＿次關於人際溝通、心態調節項目的員工培訓，保證核心員工無流失。
7.負責按時上交客服經理所需的各種報告、統計數據。
</td></tr>
</table>

續表

三、考核辦法

甲方每季對乙方的工作完成情況、工作階段性成果進行考核評估。考核指標及指標所佔權重如下表所示。

考核指標及權重配置表

指　標	權　重	評估人
工作計劃完成率	40%	客服經理
客戶滿意度評價	20%	客服經理
費用使用	20%	財務部負責人
員工管理	20%	人力資源部負責人

四、工資待遇

由月固定工資、季績效工資和年終獎金構成；其中，季績效工資視季工作開展情況而定，年終獎金視年度工作計劃完成情況而定。

五、雙方責任

1.甲方要經常檢查、指導乙方的工作。

2.甲方要從各方面支援乙方的工作，積極爲乙方創造一個良好的工作環境，保證其順利完成責任目標。

3.乙方在職權範圍內，要積極主動地開展工作，協調好各方面的關係。

4.乙方要定期分析彙報工作情況，爲甲方決策提供可靠的依據。

5.乙方要完成甲方臨時交辦的各項事宜。

六、附則

1.本責任書由人力資源部負責解釋、修訂。

2.本責任書一式三份，人力資源部、客服部、客戶關係經理各持一份。

甲方簽字：　　　　　　　乙方簽字：

時間：　　年　月　日　　　時間：　　年　月　日

相關說明					
編制人員		審核人員		批准人員	
編制日期		審核日期		批准日期	

第二節 客戶關係主管

一、關鍵業績指標

1.主要工作

⑴協助客戶關係經理制定客戶關係工作的各項管理制度，並組織落實。

⑵參與《客戶關係維護工作計劃》的制訂，並根據計劃組織實施客戶關係維護工作。

⑶制定具體的客戶關係維護工作實施方案，組織和安排客戶拜訪和接待等事宜。

⑷定期提交《客戶關係報告》，爲客戶關係的維護及管理提供參考信息和合理化建議。

⑸對客戶需求、意見、回饋等信息數據進行統計、整理並及時歸檔。

⑹定期對客戶關係專員進行儀表禮儀、溝通技巧、心態調整等方面的培訓，及時爲下屬員工的工作提供支援和指導。

⑺完成上級交辦的其他工作事項。

2.關鍵業績指標

⑴客戶關係維護任務完成率。

⑵客戶檔案完整性。

⑶客戶關係報告提交及時率。

(4)客戶流失率。

二、考核指標設計

(一)客戶關係主管目標管理卡

設定目標管理卡的目的是總結上期工作，為下期工作目標的制定提供參考依據。

客戶關係主管目標管理卡的內容主要包括上期實績自我評價、直屬經理評價、下期目標設定。具體如表 3-3 所示。

表 3-3　客戶關係主管目標管理卡

<table>
<tr><td>考核期限</td><td></td><td>姓　　名</td><td></td><td colspan="2">職　　位</td><td></td><td>員工簽字</td><td></td></tr>
<tr><td>實施時間</td><td></td><td>部　　門</td><td></td><td colspan="2">負 責 人</td><td></td><td>經理簽字</td><td></td></tr>
<tr><td colspan="6">1. 上期實績自我評價(目標執行人記錄後交直屬經理評價)</td><td rowspan="8">1</td><td colspan="2">2.直屬經理評價</td></tr>
<tr><td colspan="4">相對於目標的實際完成程度</td><td>自我評分</td><td>經理評分</td><td colspan="2">(1)目標實際達成情況</td></tr>
<tr><td colspan="4">客戶關係維護計劃完成率___%，高/低於目標值___%</td><td></td><td></td><td colspan="2" rowspan="5"></td></tr>
<tr><td colspan="4">客戶檔案完整無缺，更新及時</td><td></td><td></td></tr>
<tr><td colspan="4">客戶關係報告品質評價___分，高/低於目標值___分</td><td></td><td></td></tr>
<tr><td colspan="4">客戶回訪率達到___%，高/低於目標值___分</td><td></td><td></td></tr>
<tr><td colspan="4">客戶流失率___%，高/低於目標值___%</td><td></td><td></td></tr>
</table>

續表

<table>
<tr><td colspan="5">3.下期目標設定(與直屬經理討論後記入)</td><td rowspan="9">⇦2</td><td rowspan="2">(2)與目前職位要求相比的能力素質差異</td></tr>
<tr><td colspan="2">項　目</td><td>計劃目標</td><td>完成時間</td><td>權重</td></tr>
<tr><td rowspan="5">工作目標</td><td>客戶關係維護計劃完成率</td><td>達到 100%</td><td></td><td></td><td rowspan="4"></td></tr>
<tr><td>客戶檔案完整性</td><td>檔案缺失次數爲 0</td><td></td><td></td></tr>
<tr><td>客戶關係報告品質</td><td>達到____分</td><td></td><td></td></tr>
<tr><td>客戶回訪率</td><td>達到____%</td><td></td><td></td></tr>
<tr><td>客戶流失率</td><td>低於____%</td><td></td><td></td><td>(3)能力素質提升計劃</td></tr>
<tr><td rowspan="2">個人發展目標</td><td>參加客戶管理研討會</td><td>___次/年度</td><td></td><td></td><td rowspan="2"></td></tr>
<tr><td>參加表達能力訓練課程</td><td>___次/年度</td><td></td><td></td></tr>
</table>

(二)客戶關係主管績效考核表

客戶關係主管的績效考核表的主要作用是記錄考核目標的完成情況，並用做考核評分。其內容分爲主要工作完成情況、工作能力、工作態度 3 個部份，如表 3-4 所示。

表 3-4　客戶關係主管績效考核表

員工姓名：＿＿＿＿＿＿＿＿　職　　位：＿＿＿＿＿＿＿＿

部　　門：＿＿＿＿＿＿＿＿　地　　點：＿＿＿＿＿＿＿＿

評估期限：自＿＿年＿＿月＿＿日至＿＿年＿＿月＿＿日

1.主要工作完成情況

序號	主要工作內容	考核內容	目標完成情況	考核分數	
				分值	考核得分
1	組織下屬員工開展客戶關係維護的各項工作	客戶關係維護計劃完成率			
2	做好客戶檔案的統計、整理及歸檔工作	客戶檔案完整性			
3	按時提交客戶關係分析報告，保證報告品質	客戶關係報告提交及時率			
4	組織客戶回訪工作	客戶回訪率			
5	通過客戶關係維護，降低客戶流失率	客戶流失率			

2.工作能力

考核項目	考核內容	分值	考核得分		
			自評	考核人	考核得分
人際溝通能力	1.能以開放、真誠的方式接收和傳遞信息 2.尊重他人，能在傾聽他人的意見、觀點的同時適時地給予回饋				
協調能力	能否協調處理團隊內的衝突，並消除團隊內的不和諧因素				

3.**工作態度**

考核項目	考核內容	分值	考核得分		
			自評	考核人	考核得分
團隊意識	1.在工作中是否能時刻保持團隊中的領導角色，並勇於承擔責任 2.是否能主動、積極地幫助下屬員工，並對其及時提供必要的支援，以達成團隊任務的全面完成爲目的				
敬業精神	是否認同並熱愛本崗位工作，並以提高自身能力素質、爲組織增效爲目標				

請把您認爲合適的數值填寫在相應方格內，如塗改，請塗改者在塗改處簽字，評後準時送交人力資源部。

被考核者(自評人)簽名：　　　　　　直接上級簽名：

心得欄

三、績效考核細則

表 3-5　績效考核細則

<table>
<tr><td rowspan="2">考核細則</td><td colspan="3" rowspan="2">客戶關係主管績效考核細則</td><td>受控狀態</td><td></td></tr>
<tr><td>編　　號</td><td></td></tr>
<tr><td>執行部門</td><td></td><td>監督部門</td><td></td><td>考證部門</td><td></td></tr>
</table>

一、考核目的

爲更好地掌握客戶關係主管崗位任職人員的工作效果，爲其崗位晉升、薪酬變動、崗位調整提供參考依據，特制定此考核細則。

二、考核原則

1.堅持公平、公開的原則。

2.考核與指導、雙向溝通相結合。

三、考核頻率

季考核和年度考核相結合。

1.每季首月的 1～5 日，進行上一季工作績效的統計與評價工作。

2.每年 1 月 5～15 日，進行上一年度工作績效的統計與評價工作。

四、考核細則

客戶關係主管的考核內容分成主要工作完成情況和工作態度兩部份，具體指標及評價標準如下。

1.客戶關係主管主要工作完成情況的考核指標及其評價標準，如下表所示。

客戶關係主管工作完成情況考核表

考核指標	評價標準			
	A	B	C	D
客戶上門訪問工作	1.圓滿完成工作計劃，信息採集有效，溝通效果良好	1.基本完成工作計劃，信息採集有效，溝通效果良好	1.與工作計劃有差距，信息採集不全面，溝通效果一般	1.與工作計劃差距較大，信息採集無效，溝通不利

續表

客戶上門訪問工作	2.訪問及時率達到100%	2.訪問及時率達到100%	2.訪問及時率不低於___%	2.訪問及時率低於___%
客戶來訪接待工作	1.客戶接待及時，溝通效果良好，客戶信息得到及時傳遞，客戶接待記錄內容完整、清晰 2.客戶信息傳遞及時率達到100%	1.客戶接待及時，溝通效果較好，客戶信息傳遞及時，客戶接待記錄內容完整 2.客戶信息傳遞及時率達到100%	1.有客戶接待不及時情況，溝通效果一般，客戶信息得到傳遞，客戶接待記錄內容完整 2.客戶信息傳遞及時率高於___%	1.客戶接待不及時，溝通效果不好，客戶信息傳遞有誤，客戶接待記錄不完整或內容混亂 2.客戶信息傳遞及時率低於___%
客戶需求回饋信息分析	客戶信息記錄完整，進行了本質和關聯分析，並提出改進建議，經過論證，建議合理、有效	客戶信息記錄完整，進行了比較系統的分析，並提出改進建議，經過論證，建議合理、有效	客戶信息記錄完整，對信息進行了分析，但是分析內容不系統、不準確，並且無合理化建議	客戶信息記錄不完整，沒有對信息進行有效分析，沒有改善服務或工作流程的建議
客戶滿意度評價	評分在___分以上	評分低於___分，但在___分以上	評分低於___分，但在___分以上	評分在___分以下

2.對客戶關係主管工作態度的評定，主要分成責任感、服務意識、進取心三項，級別評定標準如下。

續表

⑴責任感評定如下表所示。	
客戶關係主管責任感評定表	
級別	評定標準
D	能夠按照工作標準完成工作目標
C	有高度的自覺性與主動性，能夠嚴格按照工作標準完成工作目標
B	能夠對工作標準和職責的履行情況進行審視，提出改善意見
A	能夠對工作方法、流程進行分析，並提出改善方案
⑵服務意識評定如下表所示。	
客戶關係主管服務意識評定表	
級別	評定標準
D	根據工作職責提供必要的服務
C	以內、外部顧客需求爲導向，主動提供服務
B	以內、外部顧客需求爲導向，改善工作流程、方法，以提升服務品質
A	以客戶利益爲中心，全面建設服務氣氛
⑶進取心評定如下表所示。	
客戶關係主管進取心評定表	
級別	評定標準
D	熱愛本職工作，積極努力地完成工作任務，主動尋找差距
C	具有事業心，爲更好地達到工作目標，主動學習，注重創新
B	具備較強的使命感和事業心，堅持學習、吸收新的知識，爲自己樹立更高的目標
A	具有強烈的使命感和事業心，主動迎接工作挑戰，不斷地向更高的目標奮進
五、結果處理	
1.考核結果由人力資源部統計並公佈，客戶關係經理在成績公佈 3 日內，以面談的形式告知被考核人(客戶關係主管)；被考核人如果懷疑考核結果，必須在被告知結果後的 7 個工作日內進行考核申訴。	

續表

2.考核成績除被考核人、被考核人各級直屬上級、人力資源部負責人外，須對其他任何人保密。

3.考核結果由人力資源部、客服部份別保管並存檔。

六、附則

1.本細則自發佈之日起開始執行。

2.本細則的解釋權歸人力資源部。

編制日期		審核日期		批准日期	
修改標記		修改處數		修改日期	

第三節　客戶關係專員

一、關鍵業績指標

1.主要工作

⑴根據客戶關係維護計劃，做好客戶拜訪、回訪工作。

⑵對客戶的檔案資料進行整理、分析，提出改善客戶關係的具體建議和措施。

⑶根據客戶關係主管的安排和計劃，開展客戶拜訪活動，掌握客戶動態，鞏固企業與客戶的關係。

⑷接待來訪客戶，負責處理或協助處理客戶提出的一般性問題、要求。

⑸記錄、整理在拜訪和接待過程中客戶的滿意度評價、回饋信息，爲企業決策提供信息。

⑹定期提交《工作總結報告》，分析客戶關係狀況，並提出合理化建議。

⑺完成上級臨時交辦的其他工作。

2.關鍵業績指標

⑴客戶檔案完整性。

⑵客戶拜訪任務完成率。

⑶客戶有效投訴次數。

⑷工作報告提交及時率。

二、考核指標設計

(一)客戶關係專員目標管理卡

爲使客戶關係專員崗位的員工能更好地總結上期工作，並明確下期工作應達成的目標，特制定客戶關係專員目標管理卡。此卡的制定可以幫助客戶關係專員尋找自身不足，並有計劃性地提升個人能力素質。具體如表 3-6 所示。

表 3-6　客戶關係專員目標管理卡

考核期限		姓　　名		職　　位		員工簽字	
實施時間		部　　門		負 責 人		主管簽字	

1.上期實績自我評價(目標執行人記錄後交直屬主管評價)				2.直屬主管評價
相對於目標的實際完成程度	自我評分	主管評分		(1)目標實際達成情況
客戶拜訪任務完成率___%,高/低於目標值___%			1⇒	
客戶回訪率___%，高/低於目標值___%				
客戶檔案完整、無缺失				
客戶有效投訴次數爲___次，高/低於目標值___次				
個人總結報告提交及時率___%,高/低於目標值___%				

續表

3.下期目標設定（與直屬主管討論後記入）						(2)與目前職位要求相比的能力素質差異
項　目		計劃目標	完成時間	權重		
工作目標	客戶拜訪任務完成率	達到___%				
	客戶回訪率	達到___%				
	客戶檔案完整性	無缺失、遺漏			⇦2	
	客戶有效投訴次數	在___次以內				(3)能力素質提升計劃
個人發展目標	參加部門內部培訓	缺勤次數 0 次				
	系統學習人際溝通技巧	讀書___本/季（或網路教程）				

（二）客戶關係專員績效考核表

客戶關係專員的績效考核表，從主要工作完成情況、工作能力、工作態度這 3 個方面設置考核指標對任職者進行考核。具體如表 3-7 所示。

表 3-7 客戶關係專員績效考核表

員工姓名：＿＿＿＿＿＿＿ 職 位：＿＿＿＿＿＿＿

部 門：＿＿＿＿＿＿＿ 地 點：＿＿＿＿＿＿＿

評估期限：自＿＿年＿月＿日至＿＿年＿月＿日

1.主要工作完成情況

序號	主要工作內容	考核內容	目標完成情況	考核分數	
				分值	考核得分
1	完成任務目標值，達成客戶關係目標效果	工作目標達成率			
2	按計劃開展客戶拜訪、回訪工作	回訪計劃完成率			
3	及時傳遞工作中收集的客戶需求信息	客戶服務信息傳遞及時率			
4	完整記錄客戶回饋信息，並進行統計分類	客戶回饋信息記錄完備率			
5	通過客戶關係維護，降低客戶流失率	客戶流失率			

2.工作能力

考核項目	考核內容	分值	考核得分		
			自評	考核人	考核得分
人際溝通能力	能否瞭解交流重點，並通過用書面或口頭的形式以清楚的理由和事實表達主要觀點				
自控能力	1.是否能夠抑制住激動的情緒，並能及時進行心態調節 2.是否具有抵制誘惑的能力，且不會採取不恰當和衝動的行爲				

3.工作態度

考核項目	考核內容	分值	考核得分		
			自評	考核人	考核得分
協作精神	是否能主動地爲企業中其他成員提供幫助，以達成共同進步				
服務精神	是否能主動爲客戶著想，提供客戶需求以外的服務，以提高客戶滿意度				

請把您認爲合適的數值填寫在相應方格內，如塗改，請塗改者在塗改處簽字，評後準時送交人力資源部。

被考核者(自評人)簽名：　　　　直接上級簽名：

三、績效考核細則

表 3-8　績效考核細則

考核細則	客戶關係專員績效考核辦法			受控狀態	
				編　號	
執行部門		監督部門		考證部門	

一、考核目的

爲更好地促進公司客服部客戶關係專員工作的展開，切實履行好崗位職責，明確工作目標，特制定此考核辦法，以推動員工工作績效的持續改進。

二、考核原則

1.堅持量化與定性指標相結合的方式來衡量其工作績效，不可憑主觀感覺或印象等方式評定，以免造成不公平。

2.堅持做到以事實爲依據，避免主觀臆斷和帶有個人感情色彩。

3.堅持交流和溝通，及時把考核結果回饋給客戶關係專員。開誠佈公地與客戶關係專員進行績效面談溝通，肯定其成績，指出其工作中的薄弱環節，並提出應努力和改進的方向，保證其工作的積極性和有效性。

續表

三、考核頻率

1.月考核，次月月初實施。

2.年度考核，次年年初實施。

四、考核指標

客戶關係專員考核項目及目標值，如下表所示。

考核項目與目標值列表

編號	考核項目	標準分值	目標值
1	客戶服務關係卡建立與記憶度指標	20	爲所負責的客戶建立關係卡，對重要客戶關係卡的內容 100%記憶
2	與客戶溝通的定期、定量指標	20	與客戶每___週 1 次電話(約見)溝通，節日、紀念日的問候無遺漏
3	上門拜訪客戶頻率與拜訪目標達成指標	20	每季進行___次上門拜訪，拜訪目的 100%達成
4	信息回饋數量及品質指標	10	客戶動態信息回饋達到____次/月，有效信息比率達到___% 客戶需求、意見 100%及時傳遞
5	客戶對公司的產品或服務的首薦指標	10	客戶首薦調查中，所負責的關係客戶會有___%首薦公司的產品或服務
6	對產品知識的熟悉程度指標	10	在定期的產品知識考核中，考核成績不低於___分
7	與客戶雙向熟悉的指標	10	對客戶的熟悉比率達到___% 被客戶熟悉的比率達到___%

五、成績計算

1.考核總分 100 分，根據考核結果分成優秀(90～100 分)、良好(70～89 分)、一般(60～69 分)、較差(60 分以下)4 個等級。

2.由參與考評的考核人(客戶關係主管爲主要考核人)根據客戶關係專員崗位的實際工作效果評分，人力資源部匯總結果，計算出成績。

續表

六、結果處理 1.考核結果由人力資源部向各級單位主管人員公佈，客戶關係專員的考核成績由客戶關係主管以面談的形式告知。 2.客戶關係專員的考核成績由人力資源部、客服部各持一份，分別保管。 **七、附則** 1.本辦法自發佈之日起開始執行。 2.本辦法的解釋權歸人力資源部。					
編制日期		審核日期		批准日期	
修改標記		修改處數		修改日期	

◎案例　只有禮貌和客氣，客戶不一定滿意

對客戶的禮貌與客氣，這是服務的最基本要求，但光是禮貌和客氣是遠遠不夠的。

只憑藉禮貌與客氣，滿足不了客戶的服務需求，也解決不了客戶的服務問題。尤其是客戶有情緒或個性比較特別的情況下，更需要實施針對性服務措施。

一、案例實況

「爲了讓顧客得到驚喜，你必須先爲自己是一個富有愛心的人而驚喜。做一個真正關心別人的人，真誠、熱情、充滿感謝之心……」

很多有關客戶服務的書籍和培訓課程，都建議按「問候－微笑－感謝」的標準程序去進行客戶服務。可是這樣做是遠遠不夠的，因爲只能讓顧客感到舒服，而不是高興和滿意。

例如：某顧客致電某服務中心，因無人接聽處在電腦服務當中，等得不耐煩的時候，終於等到服務員接聽。

服務員：「您好！我是 77 號，竭誠爲您服務，我有什麼可以幫助您？」

顧客答：「你能不能讓我少等會兒？」

服務員：「哦，今天電話特別多，一下忙不過來，您有什麼事？」

顧客答：「你們爲什麼不配多點人？」

服務員：「那是我們主管的事，我也想人多點呀！」

顧客答：「那你們主管真蠢，總是讓我們花大把時間等，難道顧客的時間就不值錢嗎？」

……

可見，光是禮貌和客氣，客戶還是不滿意……

二、精要點評

很多服務人員在服務過程中，無視客戶的情緒和怨氣，不懂得如何安撫和排除客戶情緒問題，只會一味採用禮貌與客氣方式應對。

顧客等得太久、等得不耐煩，尤其是厭倦了機器的冰冷服務時，光靠「您好」或者「有什麼可以幫助您」等禮貌或客氣的說法，是無法消除客戶的怨氣的。尤其是顧客直接表露出產生怨氣的原因時，應該趕緊對顧客說：「對不起」、「讓您久等」。

在客戶服務中，客戶的「情緒」比客戶的問題更重要，只有安撫了客戶的情緒或排除了客戶的怨氣，讓客戶有了愉悅的心情，才能有助於客戶問題的解決。如果客戶情緒不安穩或處在極度發作中，即使能夠解決好客戶的問題，客戶往往也不會滿意。

三、實戰擴展

如何才能做到優質服務，並獲得良好的服務成效呢？關鍵在於以下幾個方面：

第一，樹立爲客戶著想的正確服務意識。

有了良好的服務意識，良好的服務行爲和服務成效才有可能。

第二，認識到爲客戶服務的作用和責任。

客戶服務對企業具有巨大的價值，承擔服務責任也是企業對客戶的承諾。認識到客戶服務的作用和責任，能夠促使服務人員強化對自身服務工作的責任心和推動力。

第三，瞭解行業、產品，以及服務流程、規定。

除了要滿足客戶的個性服務需求外，還需要解決客戶的服務問題，這就需要服務人員掌握行業、產品、服務流程與規定等相關知識，以便更快更好地解決客戶問題，爲客戶排憂解難。

第四，掌握客戶服務的基本方法和技巧。

客戶服務需要方法，更需要針對性的技能和技巧，也只有這樣，才能使優質服務成爲可能。

第五，熟悉不同客戶的心態和行爲表現的特點。

不同的客戶，其心態完全不同，行爲表現也不同。因此，必須瞭解其心態及行爲特點，才能夠有針對性地提供個性化服務。

第六，針對客戶特點，實施正確的客戶服務方式。

對於不同的客戶類型，需要採取不同的服務方式。即使是同一服務問題的不同類型客戶，也需要採取不同的服務方式，以滿足其個性服務要求。

第七，全心而靈活地服務，全面提高客戶滿意度。

客戶服務好壞與否，關鍵要看客戶滿意度，這是衡量客戶服務成效的唯一標準。全面提高客戶滿意度，就意味著客戶服務品質和水準不斷提高，客戶服務成效和客戶服務競爭力得到全面的改善。

四、常見偏失

在實際工作中，客戶服務人員常見的錯誤和不足有：

(1)沒有掌握良好的客戶服務技能和技巧。

(2)不注重對客戶類型和特點的瞭解，或判斷不準確，造成服務沒有針對性。

(3)不懂得在客戶服務過程中，讓客戶保持愉悅心情和良好感受的重要性，服務問題雖然得到了解決，但客戶仍有抱怨或不滿意。

(4)出現服務不良問題，不懂得主動表示歉意的重要性。

(5)對客戶服務需求，特別是客戶服務期望的發現和挖掘不夠，以致不清楚客戶服務關鍵原因和問題所要解決的程度。

五、小結與提醒

優質服務的本質是解決客戶服務問題，滿足客戶對服務的期望，以及達成良好的客戶滿意度。

服務人員光有禮貌和客氣，是遠遠不夠的，還需要良好的服務意識，掌握全面的服務技能，懂得針對性服務不同類型的客戶，掌握讓客戶愉悅或安撫客戶情緒的相關技巧，尤其是面對服務不足的時候，還需要主動表示歉意並及時加以改正等，這些都是非常重要的。

心得欄

第4章

大客戶服務崗位

第一節　大客戶服務經理

一、關鍵業績指標

1.主要工作

⑴組織建立健全本企業的大客戶服務管理體系、制度以及服務規範，並監督實施。

⑵根據企業的發展目標，組織制訂並實施大客戶開發計劃，不斷拓展企業的大客戶資源。

⑶根據業務開展情況和大客戶實際需求，組織制定相應的大客戶服務方案和策略。

⑷組織相關人員進行定期或不定期的大客戶回訪工作，掌握大客戶的產品使用及其需求變化情況。

⑸根據本企業大客戶相關制度和售後服務標準，組織實施

並監督大客戶的諮詢、意見回饋等相關事宜。

⑹組織建立健全大客戶信息管理系統，爲開展個性化大客戶服務提供信息資料支援。

⑺協調企業與大客戶之間的合作關係，關注大客戶最新動態，並組織制定解決方案。

⑻負責協調與市場部、銷售部的關係，推進大客戶服務工作順利進行。

⑼負責指導、管理、培訓下屬員工的日常工作。

2.關鍵業績指標

⑴大客戶收入增長率。

⑵大客戶服務費用控制。

⑶大客戶開發計劃完成率

⑷大客戶保留率。

⑸大客戶滿意度。

二、考核指標設計

大客戶服務經理作爲企業的中層管理人員，對其工作績效進行評估時一般採用平衡計分卡的考核方式，即從財務類、運營類、客戶類、學習發展類 4 個角度設計考核指標。具體內容如表 4-1 所示。

表 4-1　大客戶服務經理平衡計分卡

被考核者			考核者		
部　門			職　位		
考核期限			考核日期		

關鍵績效指標		權重	績效目標值	考核得分	
				指標得分	加權得分
財務類	大客戶收入增長率	15%	考核期內大客戶收入增長率達____%		
	大客戶服務費用控制	10%	考核期內大客戶服務費用控制在預算範圍內		
運營類	大客戶開發計劃完成率	15%	考核期內大客戶開發計劃完成率達____%		
	大客戶服務流程改進目標達成率	10%	考核期內大客戶服務流程改進目標達成率達到____%以上		
	大客戶回訪率	5%	考核期內大客戶回訪率達到____%		
	大客戶保留率	15%	考核期內大客戶保留率在____%以上		
客戶類	大客戶滿意度	15%	考核期內大客戶滿意度評分達____分		
	內部協作部門滿意度	5%	考核期內內部協作部門滿意度評分達____分		
學習發展類	核心員工保有率	5%	考核期內核心員工保有率達____%		
	員工培訓計劃完成率	5%	考核期內員工培訓計劃完成率達 100%		

續表

合計			
被考核者	考核者	覆核者	
簽字：　日期：	簽字：　日期：	簽字：　日期：	

三、績效考核細則

表 4-2　績效考核細則

文本名稱	大客戶服務經理目標責任書	受控狀態	
		編　號	

甲方：客服總監

乙方：大客戶服務經理

一、目的

爲明確工作責權，規範公司經營和大客戶管理，協助客服總監完成公司客戶服務的經營管理目標，特制定大客戶服務經理目標責任書。

二、考核期限及責任年薪

1.考核有效期限：_____年___月___日～_____年___月___日。

2.大客戶服務經理年薪＝固定工資×40%＋浮動工資×30%＋績效獎勵×30%

三、工作目標與考核

大客戶服務經理的工作目標及評價標準如下表所示。

大客戶服務經理工作目標及評價標準

考核項目	考核指標	權重	考核說明	得分
大客戶服務管理制度建設	管理體系及制度的完善性	15%	因大客戶服務管理體系的不健全或制度不完善導致公司經營出現重大損失(按公司相關標準)的，每出現 1 次，扣減浮動工資的___%	

續表

大客戶開發與維護	大客戶收入增長率	20%	1.大客戶收入增長度＝（期末大客戶銷售收入－期初大客戶銷售收入）÷考核期初大客戶銷售收入×100% 2.目標值爲___%，每降低___%，扣減浮動工資的___%	
	大客戶服務費用控制	5%	1.大客戶服務費用控制在預算範圍內 2.每超出預算範圍___%，扣減浮動工資的___%	
	大客戶開發計劃完成率	15%	1.大客戶開發計劃完成率＝實際開發大客戶數÷計劃開發大客戶數×100% 2.目標值爲100%，每降低___%，扣減浮動工資的___%	
	大客戶保留率	20%	1.大客戶保留率＝（期末大客戶數－新開發大客戶數）÷考核期大客戶數×100% 2.目標值爲___%，每降低___%，扣減浮動工資的___%	
	大客戶滿意度	15%	1.目標值：大客戶滿意度評分應在___分以上 2.每低於目標值___分，扣減浮動工資的___%	
下屬員工的管理	對下屬員工的業務指導、培訓及考核	5%	1.下屬員工業績考核平均得分應在___分以上。每降低___分，扣減浮動工資的___% 2.員工培訓計劃完成率應達到100%。每降低___%，扣減浮動工資的___%	

續表

下屬員工的管理	對下屬員工的業務指導、培訓及考核	5%	3.對員工考核做到客觀、公正，員工因其評價不當或有失公允而提出的有效申訴每發生1次，扣減浮動工資的___%	
	下屬員工遵守紀律情況	5%	按照公司相關規定，下屬員工一般性違反公司紀律的現象每發生1次，扣減浮動工資的___%；出現嚴重違紀違規的現象每發生1次，扣減浮動工資的___%	

四、獎懲措施

1.大客戶服務經理的固定工資每月全額發放；浮動工資按每月完成任務指標程度計發，按時完成月任務的，月浮動工資全額發放，未完成任務的，按差額比例扣發浮動工資。

2.大客戶服務經理按時完成年度目標的，年度績效獎金全額發放；超額完成年度目標的，由客服總監按照公司規定對其實行一次性獎勵___～___萬元。

五、附則

1.本公司在生產經營環境發生重大變化或發生其他情況時，有權修改本責任書。

2.本責任書於簽訂之日起生效，責任書一式兩份，甲、乙方各存留一份。

甲方簽字：　　　　　　　　　　乙方簽字：

日期：　　年　月　日　　　　　日期：　　年　月　日

相關說明					
編制人員		審核人員		批准人員	
編制日期		審核日期		批准日期	

第二節　大客戶服務主管

一、關鍵業績指標

1.**主要工作**

⑴貫徹落實大客戶服務管理制度，負責監督大客戶服務人員的各項服務規範執行情況。

⑵根據大客戶開發計劃，組織大客戶開發的前期調查工作，積極尋找潛在大客戶，準確把握大客戶需求。

⑶結合業務開展情況和大客戶實際需求，制定相應的大客戶服務方案，提交上級審核通過後負責實施。

⑷負責大客戶回訪工作，及時掌握大客戶使用本企業產品或服務中遇到的問題，並妥善解決。

⑸對企業與大客戶的業務來往數據進行階段性分析，制定大客戶服務改進方案，爲相關部門提供決策依據。

⑹組織相關人員進行大客戶的業務諮詢、意見回饋等相關服務。

⑺負責管理大客戶信息檔案工作，並將重要信息及時回饋至相關部門。

⑻完成上級臨時交辦的工作。

2.**關鍵業績指標**

⑴大客戶開發任務完成率。

⑵大客戶調查報告提交及時率。

⑶大客戶服務方案一次性通過率。

⑷大客戶回訪率。

⑸大客戶滿意度。

二、考核指標設計

(一)大客戶服務主管目標管理卡

採用目標管理法對大客戶服務主管進行績效考核時，目標管理卡中應包括上期實績自我評價、直屬經理評價和下期目標設定三方面內容，具體見表 4-3 所示。

表 4-3　大客戶服務主管目標管理卡

<table>
<tr><td>考核期限</td><td></td><td>姓　名</td><td></td><td>職　位</td><td></td><td>員工簽字</td><td></td></tr>
<tr><td>實施時間</td><td></td><td>部　門</td><td></td><td>負責人</td><td></td><td>經理簽字</td><td></td></tr>
<tr><td colspan="5">1.上期實績自我評價(目標執行人記錄後交直屬經理評價)</td><td rowspan="5">1 ⇨</td><td colspan="2">2.直屬經理評價</td></tr>
<tr><td colspan="3">相對於目標的實際完成程度</td><td>自我評分</td><td>經理評分</td><td colspan="2">⑴目標實際達成情況</td></tr>
<tr><td colspan="3">大客戶開發任務完成率達___%,高/低於目標___%</td><td></td><td></td><td colspan="2" rowspan="3"></td></tr>
<tr><td colspan="3">大客戶調查報告提交及時率爲___%,高/低於目標___%</td><td></td><td></td></tr>
<tr><td colspan="3">大客戶服務方案一次性通過率達___%，比目標提高(降低)___%</td><td></td><td></td></tr>
</table>

續表

<table>
<tr><td colspan="3">大客戶回訪率達___%，比目標提高(降低)___%</td><td></td><td></td><td rowspan="11">⇐2</td><td></td></tr>
<tr><td colspan="3">大客戶滿意度評分在___分以上，與目標相比，超出(相差)___分</td><td></td><td></td><td></td></tr>
<tr><td colspan="5">3.下期目標設定(與直屬經理討論後記入)</td><td rowspan="2">(2)與目前職位要求相比的能力素質差異</td></tr>
<tr><td colspan="2">項　目</td><td>計劃目標</td><td>完成時間</td><td>權重</td></tr>
<tr><td rowspan="5">工作目標</td><td>大客戶開發任務完成率</td><td>達到 100%</td><td></td><td></td><td rowspan="2"></td></tr>
<tr><td>大客戶調查報告提交及時率</td><td>達到___%</td><td></td><td></td></tr>
<tr><td>大客戶服務方案一次性通過率</td><td>在___%以上</td><td></td><td></td><td>(3)能力素質提升計劃</td></tr>
<tr><td>大客戶回訪率</td><td>在___%以上</td><td></td><td></td><td rowspan="4"></td></tr>
<tr><td>大客戶滿意度</td><td>在___分以上</td><td></td><td></td></tr>
<tr><td rowspan="2">個人發展目標</td><td>參加服務禮儀培訓</td><td>不少於___課時/季</td><td></td><td></td></tr>
<tr><td>參加客戶服務技巧培訓課程</td><td>不少於___課時/季</td><td></td><td></td></tr>
</table>

(二)大客戶服務主管績效考核表

大客戶服務主管的績效考核表是從主要工作完成情況、工作能力和工作態度這 3 個方面來設計的，具體內容如表 4-4 所示。

表 4-4　大客戶服務主管績效考核表

員工姓名：__________　職　　位：__________

部　　門：__________　地　　點：__________

評估期限：自____年___月___日至____年___月___日

1.主要工作完成情況

序號	主要工作內容	考核內容	目標完成情況	考核分數	
				分值	考核得分
1	大客戶開發計劃的貫徹落實	大客戶開發任務完成率			
2	大客戶開發前期調查的組織實施	大客戶調查報告提交及時率			
3	大客戶服務方案的制定	大客戶服務方案一次性通過率			
4	大客戶服務回訪	大客戶回訪率			
5	業務諮詢、意見回饋等相關服務的提供	大客戶滿意度			

2.工作能力

考核項目	考核內容	分值	考核得分		
			自評	考核人	考核得分
關係建立能力	是否能有意識地接近目標客戶，並通過恰當的方式與其進行有效的接觸，建立友好合作關係				
監控能力	是否能有意識地選擇有效的控制點和控制手段來對相關工作過程進行監督和控制				
溝通能力	能否根據不同客戶的特點，選擇適當的管道，運用靈活的方式與客戶進行準確有效的信息交流				

3.工作態度

考核項目	考核內容	分值	考核得分		
			自評	考核人	考核得分
責任心	是否能以高度的使命感對待工作中所遇到的所有問題，並對所有的問題都能努力尋求解決方案，勇於承擔責任				
服務意識	是否以客戶需求爲中心，以提高客戶滿意度爲目標				
堅忍性	能否在有較大壓力或困難的情況下，主動積極地採取行動，克服一切困難並通過各種方法完成任務				
進取心	是否具有追求高標準的強烈願望，並能積極地採取行動。是否具有能通過主動學習而不斷獲得更高級別工作的能力				

請把您認爲合適的數值填寫在相應方格內，如塗改，請塗改者在塗改處簽字，評後準時送交人力資源部。

被考核者(自評人)簽名：　　　　　　直接上級簽名：

三、績效考核細則

表 4-5　績效考核細則

考核細則	大客戶服務主管績效考核實施細則			受控狀態	
				編　號	
執行部門		監督部門		考證部門	

一、考核目的

對大客戶服務主管的工作業績進行客觀、科學的評估，激勵其不斷改進績效水準，提升客戶服務品質。

二、考核週期

大客戶服務主管考核週期一覽表

考核週期	說　明
月考核	每月的___日～___日對大客戶服務主管上月的工作績效進行考核
季考核	每季首月的___日～___日對大客戶服務主管上季的工作績效進行考核
年度考核	4 個季考核得分的平均值爲年度工作績效考核得分

三、考核內容和指標

對大客戶服務主管的工作績效考核，應從其主要工作完成情況來進行。具體內容如下表所示。

大客戶服務主管工作績效考核表

指　標	分值	最高目標(A)	基準目標(B)	最低目標(C)	得分	評分規則
大客戶開發計劃完成率	25	100% 35 分	95% 25 分	90% 0 分		參見下頁

續表

大客戶調查報告提交及時率	20	100% 30分	95% 20分	90% 0分		1. B＜實際完成率≤A時，得分＝(最高分－基準分)×(實際達成率－B)÷(A－B)＋基準分 2. C＜實際完成率≤B時，得分＝(實際達成率－C)÷(B－C)×基準分
大客戶服務方案一次性通過率	20	100% 30分	95% 20分	90% 0分		
大客戶回訪率	20	100% 30分	95% 20分	90% 0分		
大客戶滿意度	15	≥95分 20分	≥75分 10分	＜75分 0分		

四、考核得分與應用

大客戶服務主管的工作業績考核得分(60%)與其工作能力(20%)、工作態度(20%)考核得分的合計爲綜合考核得分。根據公司的相關規定，公司應按綜合考核得分對大客戶服務主管的薪酬進行調整。

編制日期		審核日期		批准日期	
修改標記		修改處數		修改日期	

心得欄 ------------------------------------

第三節　大客戶服務專員

一、關鍵業績指標

1.主要工作

⑴根據大客戶的開發計劃，對潛在大客戶進行調查分析，並對其中的目標客戶進行跟蹤開發。

⑵通過不同管道收集大客戶的各種信息，並按時完成大客戶的信息收集任務。

⑶對大客戶進行定期或不定期的回訪，密切關注大客戶使用本企業產品或服務的情況，以及需求變化情況。

⑷為大客戶提供業務諮詢、意見回饋等相關服務，對於不確定事宜及時請示上級。

⑸對大客戶的相關資料進行及時整理，保證大客戶信息資料的完整性並及時歸檔。

⑹定期對大客戶信息進行分析，並按時提交分析報告，為相關部門提供數據支持。

⑺完成上級臨時交辦的工作。

2.關鍵業績指標

⑴新開發大客戶的數量。

⑵大客戶回訪率。

⑶大客戶有效投訴次數。

(4)大客戶檔案歸檔及時率。

二、考核指標設計

(一)大客戶服務專員目標管理卡

採用目標管理法對設備運行主管進行績效考核時，目標管理卡中應包括上期實績自我評價、直屬主管評價和下期目標設定 3 個方面的內容。具體如表 4-6 所示。

表 4-6　大客戶服務專員目標管理卡

<table>
<tr><td>考核期限</td><td></td><td>姓　名</td><td></td><td>職　位</td><td></td><td>員工簽字</td><td></td></tr>
<tr><td>實施時間</td><td></td><td>部　門</td><td></td><td>負責人</td><td></td><td>主管簽字</td><td></td></tr>
<tr><td colspan="6">1.上期實績自我評價(目標執行人記錄後交直屬主管評價)</td><td rowspan="8">1</td><td>2.直屬主管評價</td></tr>
<tr><td colspan="4">相對於目標的實際完成程度</td><td>自我評分</td><td>主管評分</td><td>(1)目標實際達成情況</td></tr>
<tr><td colspan="4">大客戶回訪率達___%，高/低於目標___%</td><td></td><td></td><td rowspan="3"></td></tr>
<tr><td colspan="4">大客戶有效投訴次數在___次以內，比目標提高(降低)___%</td><td></td><td></td></tr>
<tr><td colspan="4">大客戶檔案歸檔及時率達___%，比目標超出(相差)___%</td><td></td><td></td></tr>
<tr><td colspan="6">3.下期目標設定(與直屬主管討論後記入)</td><td rowspan="2">(2)與目前職位要求相比的能力素質差異</td></tr>
<tr><td colspan="3">項　目</td><td>計劃目標</td><td>完成時間</td><td>權重</td></tr>
<tr><td>工作目標</td><td colspan="2">新開發大客戶的數量</td><td>不少於___個</td><td></td><td></td><td></td></tr>
</table>

續表

工作目標	大客戶回訪率	達___%			2	
	大客戶有效投訴次數	在___%以內				
	大客戶檔案歸檔及時率	達___%				(3)能力素質提升計劃
個人發展目標	參加客戶服務培訓課程	成績不低於___分				
	參加溝通能力提升培訓	不少於___課時/季				

(二)大客戶服務專員績效考核表

大客戶服務專員的績效考核表是從主要工作完成情況、工作能力和工作態度這 3 個方面來對其進行考核的。具體內容如表 4-7 所示。

表 4-7　大客戶服務專員績效考核表

員工姓名：________________　職　　位：________________

部　　門：________________　地　　點：________________

評估期限：自______年___月___日至______年___月___日

1.主要工作完成情況

序號	主要工作內容	考核內容	目標完成情況	考核分數	
				分值	考核得分
1	根據企業大客戶開發計劃，對其中的目標客戶進行跟蹤開發	新開發大客戶數			

續表

2	大客戶服務的回訪	大客戶回訪率			
3	大客戶業務諮詢、意見回饋相關服務的提供	大客戶意見回饋及時率 大客戶有效投訴次數			
4	大客戶檔案的整理歸檔	大客戶檔案歸檔及時率			

2.**工作能力**

考核項目	考核內容	分值	考核得分		
			自評	考核人	考核得分
信息收集能力	是否能夠運用各種管道和方法收集所需要的信息，並能做出準確的分析判斷				
問題解決能力	是否能夠採取有效的措施和方法解決困難問題，並善於利用各種資源消除問題的根源				
溝通能力	能夠在不同的場合，根據不同的對象進行輕鬆有效的溝通，並準確傳遞、接收信息				

3.工作態度

考核項目	考核內容	分值	考核得分		
			自評	考核人	考核得分
責任心	是否積極地履行工作職責，勇於承擔責任，並主動關注組織發展目標				
主動性	是否能夠自覺自願投入更多的精力和努力地完成工作，並能主動地完成更多的工作任務				
服務意識	是否設身處地從客戶角度考慮問題，並爲客戶提供個性化的服務，滿足不同客戶的需求				
紀律性	是否能夠服從上級的工作指導和安排，並自覺地遵守企業各項規章制度和日常行爲規範				

請把您認爲合適的數值填寫在相應方格內，如塗改，請塗改者在塗改處簽字，評後準時送交人力資源部。

被考核者(自評人)簽名：　　　　　　直接上級簽名：

三、績效考核細則

表 4-8 績效考核細則

考核細則	大客戶服務專員績效考核實施細則			受控狀態	
				編　號	
執行部門		監督部門		考證部門	

一、考核目的

1.正確、合理評估大客戶服務專員的工作績效，激勵其不斷提升服務水準，提高客戶服務品質。

2.爲大客戶服務專員的薪資調整、職位晉升、崗位培訓、職業生涯發展規劃等人力資源決策提供依據。

二、考核內容與指標

對大客戶服務主管從基本要求、主要工作完成情況、工作能力、工作態度、個人操守這 5 個方面來進行考核。具體內容見下表。

大客戶服務專員考核表

考核項目	考核內容及標準	分值	自評	得分
基本要求（10%）	對企業規章制度的遵守	3		
	對工作計劃、工作任務的執行	4		
	對上級指示的服從	3		
主要工作完成情況（60%）	信息收集及時準確	10		
	大客戶回訪率達___%，每差___%，扣___分	15		
	大客戶意見回饋及時率達___%，每差___%，扣___分	15		
	大客戶有效投訴次數在___次以內，超出___次，得分爲 0 分	10		
	大客戶檔案歸檔及時率達___%，每差___%，扣___分	10		

續表

工作能力（10%）	對業務流程、產品知識的掌握程度達到專業水準	3		
	獨立面對問題並善於找出解決方法	3		
	溝通協調能力良好，與客戶交往順暢	4		
工作態度（10%）	工作認真、主動、積極，熱情	3		
	勇於承擔責任，克服一切困難確保按時完成工作任務	4		
	無遲到、早退現象，出勤率達到___%	3		
個人操守（10%）	注重儀表，講究禮儀	3		
	有進取心，並通過不斷努力提升自身素質	4		
	能與上級及同事友好、和諧相處	3		
綜合得分		100		

三、考核結果運用

依據大客戶服務專員的季績效和年度績效評估得分，確定季績效工資發放比例和年度獎金發放額度，發放標準如下表所示。

大客戶服務專員績效工資和獎金發放標準一覽表

績效評估得分	90～100分	80～89分	70～79分	60～69分	60分以下
季績效工資發放比例	100%	90%	80%	70%	無
年終獎金發放額	2000元	1600元	1200元	800元	無

編制日期		審核日期		批准日期	
修改標記		修改處數		修改日期	

◎案例　先安撫情緒，再解決客戶問題

客戶在投訴或抱怨的時候，除了有需要解決或服務的問題外，往往都帶有一定的情緒或不良態度，這種不良的情緒或態度需要服務人員及時予以安撫和平息。否則，很難促進服務問題的有效解決，甚至出現難以處理的局面。

一、案例實況

某冷氣機服務中心，來了一位中年家庭婦女徐女士，怒氣衝衝追問總台的服務人員，冷氣機安裝的馬師傅那裏去啦。服務台劉小姐忙問有什麼事情可以幫助忙。徐女士說，馬師傅早上安裝的冷氣機品質太差，要求退貨。

面對怒氣衝衝的徐女士，劉小姐沒有急於詢問是什麼原因，而是把徐女士讓到接待室，端來一杯茶水先安慰對方不要著急，有什麼問題一定會得到解決，決不會不負責任等等。

面對微笑著的禮貌的服務人員，徐女士不好再怒氣淩人。原來早上剛剛安裝的冷氣機，中午剛開機不久就停止運轉，無論怎麼遙控，也無法啓動，看來冷氣機品質不好，要求退貨。

面對徐女士要求，劉小姐沒有強辯，而是與徐女士商量，先派師傅隨其前往，檢查一下冷氣機，如果確實是冷氣機品質問題，保證給予調換新的冷氣機或者退貨。對於合理合情的安排，徐女士無法表示出不同的意見。

於是，冷氣機師傅立即前往徐女士家，經過檢查發現是冷氣機專用的電源開關保險絲容量過小，導致超過負載而熔斷。

冷氣機師傅重新換上大號的保險絲後，冷氣機運轉正常。

面對良好服務的徐女士，頓感自身行爲的不妥，不僅向冷氣機師傅致謝，還特意打電話到服務中心向劉小姐表示歉意。

二、精要點評

先安撫客戶情緒後解決客戶問題，這是客戶投訴和抱怨中必須遵守的黃金準則。

當客戶情緒不好或怒氣衝衝的時候，一般只想鬥氣或發洩，任何中肯意見或良好的服務方案都會招致客戶的爭執或反對，甚至提高服務期望，更不用說獲得客戶對服務的良好感受了。

該案例中的劉小姐，深知先安撫客戶情緒後解決客戶問題的重要性，面對徐女士的怒氣，沒有計較，善於理解與寬容，一切都在禮貌、微笑、溫和之中得以化解。更可貴的是，劉小姐懂得從徐女士的利益與擔心點出發，及時承諾企業應有的服務責任和服務保證，讓對方放心，並提出符合客戶利益和願望的針對性服務方案。這是本案例成功服務的關鍵。

三、實戰擴展

第一，要充分理解與寬容客戶情緒。

客戶因爲產品、服務、外界影響、自身等因素，產生不滿意或不良情緒，因此有可能產生投訴行爲，希望通過投訴或抱怨得到補償，期望新的要求和利益得到滿足，同時想發洩個人不滿以得到情感補償，或者報復他人等等。對客戶情緒問題必須理解和寬容，不能因此歧視或嘲笑客戶。

第二，要以微笑、禮貌、客氣的方式對待客戶。

當客戶有怒氣、有情緒、有脾氣時，受理服務人員不能因此而不冷靜，要以微笑、禮貌、客氣的方式對待客戶，不能「以暴制暴」。否則，將會激起客戶更大的怒氣或產生不理智、衝動行爲，甚至發生對抗或衝突，使局面變得難以收拾，產生不良的影響。

第三，要善於傾聽客戶心聲。

客戶有情緒問題，通常需要一個良好的傾聽對象。做客戶所需要的傾聽對象，讓客戶得到相應的情感發洩，有助於客戶減輕壓力，讓情緒過渡到平穩狀態。同時，通過良好的傾聽，能夠有效瞭解客戶情況，迅速發現客戶投訴問題，準確理解客戶的原因和動機，清楚客戶期望所在，有助於更有針對性地解決客戶問題。

第四，要及時給予更多的關懷和關心。

當客戶有情緒時候，要站在客戶角度去看待問題，學會同情、理解和共鳴，通過對重要問題的適當詢問，或從客戶角度予以必要的呼應和肯定，都能夠讓客戶感受到服務的真誠，有效起到安撫客戶情緒的作用。

第五，要給予客戶一定的希望。

處理客戶投訴，尤其在客戶有情緒的時候，一定要給客戶解決問題的期望，這是客戶投訴與抱怨處理中的關鍵原則和技巧。當然，給予客戶希望，不等於要給予解決的承諾；可以給予客戶有希望的回應，但不能承諾解決的程度。

四、常見偏失

在實際客戶投訴和抱怨問題的處理中，面對客戶的情緒問題，服務人員常見的不足與錯誤主要有以下幾個方面：

⑴不理解或歧視客戶的情緒問題。

⑵不重視客戶情緒問題的化解，或缺乏必要的安撫技巧。

⑶對待客戶的不理智或衝動行為，缺乏必要的禮貌與客氣。

⑷沒有將心比心，或讓客戶感受到服務不認真、不負責。

⑸面對客戶情緒或怒氣，服務人員不夠理智，也產生情緒或脾氣，導致雙方更大的對抗或衝突。

五、小結與提醒

先安撫客戶情緒後解決客戶問題，只有客戶情緒問題解決了，才有可能解決好客戶的投訴問題。

安撫客戶情緒，關鍵在於客戶服務人員要理解與寬容客戶，要以微笑、禮貌和客氣的方式對待客戶，要善於傾聽客戶心聲，及時給予客戶更多的關懷與關心，要留給客戶一定的解決希望，這些都是服務人員日常中必須掌握的投訴受理技巧。

心得欄

第 5 章

售後服務管理崗位

第一節　售後服務經理

一、關鍵業績指標

1.主要工作

⑴制定企業售後服務的各項規章制度，經上級審批後組織執行。

⑵擬定企業售後服務工作計劃和預算，並在上報主管審批後嚴格執行。

⑶組織解決售後服務過程中發生的重大客戶抱怨及投訴等事件。

⑷安排相關人員及時瞭解客戶對企業產品或服務的意見和建議，並進行整理後，及時回饋到相關部門。

⑸編寫年度、季和月售後服務總結報告。

(6)負責落實培訓客戶和培訓售後服務人員的工作。

(7)負責處理客戶服務工作中出現的突發事件。

(8)完成上級臨時交辦的工作。

2.關鍵業績指標

(1)售後服務費用的控制情況。

(2)售後服務工作計劃完成率。

(3)客戶對售後服務的滿意率。

(4)維修處理及時率。

二、考核指標設計

售後服務經理的主要職責是全面負責企業產品的售後服務工作，以提高企業對客戶的整體服務品質。對其工作績效的考核，主要從表 5-1 所列的 4 個角度來設計。

表 5-1　售後服務經理考核指標設計表

被考核者			考核者		
部門			職位		
考核期限			考核日期		
關鍵績效指標		權重	績效目標值	考核得分	
				指標得分	加權得分
財務類	售後服務費用控制	5%	考核期間售後服務費用控制在預算費用之內		
運營類	售後服務計劃完成率	15%	考核期間售後服務計劃完成率達到___%以上		
	售後服務流程改進目標達成率	10%	考核期內售後服務流程改進目標達成率達到___%以上		

續表

運營類	維修處理及時率	20%	考核期間產品維修處理及時率達到 100%		
	售後服務一次成功率	20%	考核期間售後服務一次成功率達到___%以上		
客戶類	售後服務客戶滿意度	10%	考核期間售後服務客戶滿意度在___分以上		
	客戶投訴解決率	10%	考核期間客戶投訴解決率控制在___%以上		
學習發展類	培訓與研討參與率	5%	考核期間培訓與研討參與率達到 100%		
	員工流失率	5%	考核期間員工流失率控制在%以下		
合計					

被考核者	考核者	覆核者
簽字：　　日期：	簽字：　　日期：	簽字：　　日期：

三、績效考核細則

表 5-2　績效考核細則

文本名稱	××公司售後服務經理目標責任書	受控狀態	
		編　　號	

甲方：總經理

乙方：售後服務經理

爲了健全對售後服務經理的激勵和約束機制，做到責權利相統一，依據集團相關管理制度，制訂本目標責任書，由甲方對乙方進行考核，根據考核結果向乙方兌現年終獎(期限獎)，或實施獎罰。

一、責任期限

____年___月___日～_____年___月___日。

續表

二、薪酬構成

售後服務經理的薪酬主要由兩部份構成，即月薪和年終獎(期限獎)。

三、雙方權利和義務

1.甲方有權對乙方的售後服務管理活動進行檢查和監督，並提出改進意見。

2.甲方有義務爲乙方在經營過程中提供必要的服務和支援。

3.乙方享有授權範圍內獨立開展售後服務管理活動，並進行正常經營決策的權利。

4.乙方有義務完成公司規定的售後服務目標，提升售後服務品質水準，加強公司品牌形象。

四、工作目標與考核標準

售後服務經理的業績指標考核標準如下。

售後服務經理業績指標細化說明

主要職責	考核目標	評價標準
售後服務管理	售後服務費用控制	1.售後服務費用達到預算的95%(含)～98%，得___分 2.售後服務費用達到預算的90%(含)～95%，得___分 3.售後服務費用超出預算。經調查沒有不可控制因素的發生，此項不得分 4.售後服務費用大大超出預算，經調查沒有不可控制因素的發生，此項不得分，並扣除其年終獎(期限獎)的___%
	售後服務計劃完成率	1.售後服務計劃完成率＝實際完成的今後服務計劃÷規定要完成的售後服務計劃×100% 2.目標值達到___%以上，得___分，每降低___%，扣___分，低於___%，此項不得分 3.目標值低於___%，免去售後服務經理的職位

續表

售後服務管理	售後服務一次成功率	1.售後服務一次成功率＝售後服務一次成功的次數÷售後服務的總次數(不包括反修次數)×100% 2.目標值達到___%以上，得___分，每降低___%，扣___分，低於___%，此項不得分
	維修處理及時率	1.根據發生故障的嚴重程度，維修人員使產品恢復正常預計所需的時間來考核 2.輕微或一般性故障，___分鐘以內產品恢復正常；比較嚴重的故障，___小時左右恢復正常；嚴重的故障根據實際維修情況而定 3.及時完成維修任務，得___分，未及時維修被客戶投訴每出現1次，扣___分，扣完爲止
	因售後服務不善被媒體曝光次數	因產品品質曝光的情況除外，出現一次媒體曝光，此項不得分
	售後服務客戶滿意度	通過《客戶滿意度調查表》的整理、分析，綜合評分在___分以上，得___分，每差___分，扣___分，低於___分，此項不得分
客戶管理	客戶投訴解決情況	1.及時解決客戶投訴，客戶對解決結果非常滿意，得___分 2.及時解決客戶投訴，客戶對解決結果基本滿意，得___分 3.及時解決客戶投訴，客戶對解決結果不滿意，得___分 4.未及時解決客戶投訴，客戶對解決結果滿意，得___分 5.未及時解決客戶投訴，客戶非常不滿意，得___分

續表

<table>
<tr><td rowspan="2">下屬員工管理</td><td>培訓與研討參與率</td><td colspan="4">1.參與率＝實際參加員工人數÷規定參加員工人數×100%
2.參與率達到 100%，得___分，每降低___%，扣分，低於___%，此項不得分</td></tr>
<tr><td>員工流失率</td><td colspan="4">1.員工流失率＝離職員工人數÷總員工人數×100%
2.員工流失率控制在___%以下，得___分，經調查，由於個人原因導致員工離職的情況，此項不得分</td></tr>
<tr><td>相關說明</td><td colspan="5"></td></tr>
<tr><td>編制人員</td><td></td><td>審核人員</td><td></td><td>批准人員</td><td></td></tr>
<tr><td>編制日期</td><td></td><td>審核日期</td><td></td><td>批准日期</td><td></td></tr>
</table>

心得欄

第二節 售後服務主管

一、關鍵業績指標

1.主要工作

⑴協助售後服務經理編制企業售後服務各項規章制度。

⑵負責售後服務工作任務的分解並配合售後維修人員的服務工作。

⑶接受和處理客戶的有效投訴並及時向相關部門反映。

⑷組織開展針對售後服務的客戶滿意度調查，並及時將調查結果向主管彙報。

⑸組織相關人員進行客戶回訪，瞭解客戶對本企業產品和服務的意見或建議。

⑹根據售後服務過程中回饋的數據、信息來編寫《售後服務品質報告》，並上交售後服務經理。

⑺組織售後服務人員進行培訓，規範售後服務人員的行為。

⑻完成上級臨時交辦的工作。

2.關鍵業績指標

⑴售後服務費用的控制情況。

⑵售後服務回訪率。

⑶投訴受理及時性。

⑷因服務不善而被投訴的次數。

二、考核指標設計

(一)售後服務主管目標管理卡

售後服務主管的考核指標採用目標管理卡進行設計。根據售後服務主管上期實績自我評價和直屬經理的評價，與上級討論後制定下期目標。下期目標主要從工作目標和個人發展目標 2 個方面進行設定，具體的售後服務主管目標管理卡如表 5-3 所示。

表 5-3　售後服務主管目標管理卡

<table>
<tr><td>考核期限</td><td></td><td>姓　　名</td><td></td><td>職　　位</td><td></td><td>員工簽字</td><td></td></tr>
<tr><td>實施時間</td><td></td><td>部　　門</td><td></td><td>負 責 人</td><td></td><td>經理簽字</td><td></td></tr>
</table>

<table>
<tr><td colspan="4">1.上期實績自我評價(目標執行人記錄後交直屬經理評價)</td><td rowspan="6">1</td><td>2.直屬經理評價</td></tr>
<tr><td colspan="2">相對於目標的實際完成程度</td><td>自我評分</td><td>經理評分</td><td>(1)目標實際達成情況</td></tr>
<tr><td colspan="2">實際服務費用支出爲___萬元，與上期目標相比，增加(降低)___萬元</td><td></td><td></td><td rowspan="4"></td></tr>
<tr><td colspan="2">售後服務回訪率達到___%，與上期目標相比，提高(降低)___%</td><td></td><td></td></tr>
<tr><td rowspan="2">考核期間，接受和處理客戶投訴</td><td>投訴受理及時率爲___%，與上期目標相比，提高(降低)___%</td><td></td><td></td></tr>
<tr><td>客戶投訴解決率爲___%，與上期目標相比，提高(降低)___%</td><td></td><td></td></tr>
</table>

續表

<table>
<tr><td colspan="5">3.下期目標設定（與直屬經理討論後記入）</td><td rowspan="9">2</td><td rowspan="2">(2)與目前職位要求相比的能力素質差異</td></tr>
<tr><td colspan="2">項目</td><td>計劃目標</td><td>完成時間</td><td>權重</td></tr>
<tr><td rowspan="5">工作目標</td><td>售後服務費用的控制情況</td><td>控制在預算範圍之內</td><td></td><td></td><td rowspan="3"></td></tr>
<tr><td>售後服務回訪率</td><td>達到___%</td><td></td><td></td></tr>
<tr><td>投訴受理及時率</td><td>達到100%</td><td></td><td></td></tr>
<tr><td>客戶投訴解決率</td><td>達到___%以上</td><td></td><td></td><td>(3)能力素質提升計劃</td></tr>
<tr><td>售後服務品質報告提交及時率</td><td>達到100%</td><td></td><td></td><td rowspan="3"></td></tr>
<tr><td rowspan="2">個人發展目標</td><td>參加售後服務培訓</td><td>不少於___課時</td><td></td><td></td></tr>
<tr><td>被上級採納的有效建議數量</td><td>不少於___條</td><td></td><td></td></tr>
</table>

(二)售後服務主管績效考核表

售後服務主管績效考核表從主要工作完成情況、工作態度和工作能力3個方面出發，對售後服務主管進行績效考核。具體內容如表5-4所示。

表 5-4　售後服務主管績效考核表

員工姓名：＿＿＿＿＿＿　職　位：＿＿＿＿＿＿

部　門：＿＿＿＿＿＿　地　點：＿＿＿＿＿＿

評估期限：自＿＿年＿月＿日至＿＿年＿月＿日

1.**主要工作完成情況**

序號	主要工作內容	考核內容	目標完成情況	考核分數	
				分值	考核得分
1	嚴格按照服務費用的預算進行各項費用的支出	售後服務費用預算控制			
2	接受和處理客戶的投訴	投訴受理及時性			
		投訴處理滿意度			
3	安排售後服務人員工作，並監督其服務過程	因售後服務不佳被投訴的次數			

2.**工作能力**

考核項目	考核內容	分值	考核得分		
			自評	考核人	考核得分
自控能力	感覺到強烈的感情或其他壓力時，能否抑制住它們，並以建設性的方法回應				
親和力	是否容易與人接近和交談，能夠做到熱情、真誠地關心別人				
協調能力	能否採取相應的措施調解企業內部在需求方面的衝突以及行動上的不協調				

3.**工作態度**

考核項目	考核內容	分值	考核得分		
			自評	考核人	考核得分
團隊意識	能否影響團隊中的其他成員，採取各種措施增強團隊凝聚力，營造團隊合作的良好氣氛				
服務態度	是否始終帶著一種服務的心態對待工作、對待客戶				

請把您認爲合適的數值填寫在相應方格內，如塗改，請塗改者在塗改處簽字，評後準時送交人力資源部。

被考核者(自評人)簽名：　　　　　　　直接上級簽名：

心得欄 ------------------------------------

三、績效考核細則

表 5-5　績效考核細則

考核細則	售後服務主管績效考核實施細則			受控狀態	
				編　號	
執行部門		監督部門		考證部門	

售後服務主管的績效考核實施細則是對績效考核指標進一步細化的過程，即考核指標說明和評價標準，具體的考核細化說明如表所示。

售後服務主管績效考核細化說明

考核指標	考核說明	評價標準
售後服務費用預算控制情況	售後服務費用是否控制在預算範圍之內，由於產品品質問題引起的費用增加不包括在考核範圍之內	售後服務費用控制在預算範圍之內，得___分；超出預算的 5%以內，得___分；超出預算 5%以上，此項不得分
售後服務回應時間	接到客戶的送貨安裝、維修、退換貨和技術性諮詢服務等要求後，及時安排人員進行解決	在公司規定的時間內，根據不同服務要求及時進行解決，由於回應時間慢影響服務的情況每出現 1 次，扣___分，累計___次以上，此項不得分
因退換貨手續未及時辦理被投訴次數	由於退換貨手續未在承諾的時間內辦理，被客戶投訴的次數	每出現 1 次，扣___分，累計___次以上，此項不得分
投訴受理及時率	目標值＝及時受理客戶投訴的次數÷受理客戶投訴的總次數×100%	1.目標值達到 100%，得滿分 2.得分＝滿分×投訴受理及時率

續表

投訴處理滿意度	客戶對投訴處理結果的滿意程度	1.在維護公司利益的基礎上，客戶每次都滿意，得___分 2.在維護公司利益的基礎上，大多數情況下客戶滿意，得___分 3.在維護公司利益基礎上，只有極少數情況下，客戶滿意，得___分

編制日期		審核日期		批准日期	
修改標記		修改處數		修改日期	

第三節　售後維修主管

一、關鍵業績指標

1.主要工作

⑴協助售後服務經理編制企業售後維修工作的標準和政策。

⑵根據客戶要求，安排人員進行產品的維護、維修。

⑶負責售後零件的銷售、管理工作。

⑷定期匯總《產品故障維修統計表》和《維修人員工作月報表》，及時上交售後服務經理。

⑸根據產品維修記錄，編寫《產品品質分析報告》，並及時回饋給相關部門。

⑹負責處理售後維修中出現的客戶投訴事件。

(7)負責收繳維修人員所收的維修款項。

(8)完成上級臨時交辦的工作。

2.關鍵業績指標

(1)售後維修費用的控制情況。

(2)維修不及時被客戶投訴的次數。

(3)投訴受理辦結率。

(4)報修處理及時率。

二、考核指標設計

(一)售後維修主管目標管理卡

售後維修主管的考核指標採用目標管理卡進行設計。根據售後維修主管上期實績自我評價和直屬經理的評價，與上級討論後制定下期目標。下期目標主要從工作目標和個人發展目標2個方面進行設定，具體的售後維修主管目標管理卡如下表。

表 5-6 售後維修主管目標管理卡

<table>
<tr><td>考核期限</td><td></td><td>姓　名</td><td></td><td>職　位</td><td></td><td>員工簽字</td><td></td></tr>
<tr><td>實施時間</td><td></td><td>部　門</td><td></td><td>負責人</td><td></td><td>經理簽字</td><td></td></tr>
<tr><td colspan="6">1.上期實績自我評價(目標執行人記錄後交直屬經理評價)</td><td colspan="2">2.直屬經理評價</td></tr>
<tr><td colspan="4">相對於目標的實際完成程度</td><td>自我評分</td><td>經理評分</td><td></td><td>(1)目標實際達成情況</td></tr>
<tr><td colspan="4">嚴格控制維修費用。考核期間實際維修費用支出爲____萬元，與上期目標相比，增加(減少)____萬元</td><td></td><td></td><td></td><td></td></tr>
</table>

續表

負責產品的維護、維修工作。考核期間維修不及時被客戶投訴的次數爲___次，與上期目標相比，增加(減少)___次			1	
處理維修過程中客戶的投訴。考核期間投訴受理辦結率爲___%，與上期目標相比，提高(降低)___%				
負責服務款項的回收工作。考核期間服務款項回收率爲___%，與上期目標相比，提高(降低)___%				

3.下期目標設定(與直屬經理討論後記入)						(2)與目前職位要求相比的能力素質差異
項目		計劃目標	完成時間	權重		
工作目標	售後維修費用控制情況	售後維修費用控制在預算範圍內				
	報修處理及時率	達到100%				
	投訴處理辦結率	達到100%				
	服務款項回收率	達到___%以上			2	(3)能力素質提升計劃
	維修不及時被客戶投訴的次數	次數爲0				
個人發展目標	被上級採納的有效建議數	被上級採納的有效建議不少於___條				
	培訓講座	每年參加與工作相關的培訓講座不少於___次				

(二)售後維修主管績效考核表

爲了更全面的對售後維修主管進行績效考核，從完成情況、工作能力和工作態度這 3 個方面對售後維修主管的績效考核進行設計，具體內容如表 5-7 所示。

表 5-7　售後維修主管績效考核表

員工姓名：________　職　位：________

部　門：________　地　點：________

評估期限：自____年__月__日至____年__月__日

1.主要工作完成情況

序號	主要工作內容	考核內容	目標完成情況	考核分數	
				分值	考核得分
1	按規定支出各項維修費用	維修費用是否控制在預算範圍之內			
2	組織人員進行產品維修	接到報修需求後，及時進行處理的情況			
3	接受和處理維修過程中出現的客戶投訴	因維修不及時被投訴的次數			
		投訴受理辦結率			
4	服務款項的回收	服務款項回收的情況			

2.**工作能力**

考核項目	考核內容	分值	考核得分		
			自評	考核人	考核得分
問題解決能力	能自如應對變化或不確定因素，在沒有很明確的解決方法或結果之前，能夠迅速、高品質地處理疑難問題				
關注細節能力	工作作風務實，關注客戶服務過程中的每一個細節				
監控能力	定期跟進檢查下屬員工的工作進程，及時發現問題，及時糾正				

3.**工作態度**

考核項目	考核內容	分值	考核得分		
			自評	考核人	考核得分
服務態度	對客戶服務週到、熱情				
親和力	容易與人接近和交談，能夠做到熱情、真誠地關心別人的焦慮，及時爲別人提供有效的建議和幫助				

請把您認爲合適的數值塡寫在相應方格內，如塗改，請塗改者在塗改處簽字，評後準時送交人力資源部。

被考核者(自評人)簽名：　　　　　　直接上級簽名：

三、績效考核細則

表 5-8　績效考核細則

考核細則	××設備公司售後維修主管 績效考核實施細則			受控狀態	
				編　　號	
執行部門		監督部門		考證部門	

一、考核目的

1.為規範公司及各分部售後維修工作，明確工作範圍和工作重點。

2.使總部對各分部售後維修工作進行合理掌控並明確考核依據。

3.鼓勵先進、促進發展。

二、範圍

1.適用範圍：公司各分部售後服務部。

2.發佈範圍：公司總部、各分部售後服務部。

三、考核週期

採取月考核為主的方法，對售後維修主管當月的工作表現進行考核，考核實施時間為下月的1～5日，遇節假日順延。

四、考核內容和指標

1.考核的內容。

(1)財務類：售後維修費用控制。

(2)管理類：報修處理及時率，安裝、調試滿意度，保修期內平均服務次數，維修不及時遭到客戶投訴次數等。

2.考核指標數據來源。

各項月報、季報、年報，集團公司收到的投訴記錄等。

3.考核指標。

續表

售後維修主管績效考核表

項目	權重	考核標準										得分
		比率	扣分	比率	扣分	比率	扣分	比率	扣分	比率	扣分	
維修費用控制情況	15	維修費用控制在預算範圍之內，得滿分，超出預算，此項不得分(由於產品品質問題發生的維修費用除外)										
報修處理及時率	15	100%	0	95%以下	1	95～80%	3	80～75%	5	75%以下	8	
安裝、調試滿意度	10	95 分以上	0	90 分以上	1	80 分以上	2	70 分以上	3	70 分以下	5	
保修期內平均服務次數	10	2 次以上	0	1.8 次以上	1	1.5 次以上	2	1 次以上	3	不足 1 次	5	
維修不及時被客戶投訴的次數	10	0	0	1	1	2	2	3～5	3	5 條以上	5	
投訴受理辦結率	10	100%	0	95%以下	1	95～80%	2	80～75%	3	75%以下	5	
零件供應不及時被投訴的次數	10	100%	0	95%以下	1	95～80%	2	80～75%	3	75%以下	5	
報表上交的真實性	10	每次扣 2 分，本項分值扣完爲止，性質嚴重的另行處罰										
審紀、糾錯及行政通報等	10	從當月總分中扣處，每次扣罰 2～10 分，視問題性質由人力資源部會同售後服務部經理討論決定，當月分值扣完爲止										

續表

獎　罰	收到顧客表揚信一次，加 1 分；被部門表揚一次，加 2 分；被公司表揚一次，加 3 分；被媒體表揚一次，加 5 分(需要分部提供文字材料)	
處　罰	被部門批評一次，扣 2 分；被公司批評一次，扣 3 分；被媒體負面報導一次，扣 5 分	
總計		

五、績效考核的實施

考核分爲被考核者自評、上級考核及小組考核 3 種。其中小組考核的成員主要由與售後維修主管工作聯繫較多的相關部門人員構成，3 種考核主體所佔的權重及考核內容如下表所示。

考核者	權　重	考核重點
被考核者	15%	工作任務完成情況
上　級	60%	工作績效、工作能力
小組考核	25%	工作協作性、服務性

六、考核結果的運用

1.連續 3 個月(季)評比綜合排名前三名：分別獎勵 500、300、200 元，名次並列的將同時給予獎勵。

2.月考核評比綜合排名後三名：要求售後維修主管仔細分析落後原因，針對落後原因尋找改進措施，並在月工作通報下發後的四天內，將整改方案報總部售後服務部備案。總部將視情況對售後維修主管進行處罰。

編制日期		審核日期		批准日期	
修改標記		修改處數		修改日期	

第四節　售後服務專員

一、關鍵業績指標

1.主要工作

⑴接聽售後服務中心的熱線電話並記錄相關信息。

⑵受理與記錄客戶抱怨、投訴、維修等事件。

⑶收集客戶意見並回饋。

⑷整理和分析產品售後服務過程中回饋的數據和信息，並及時上報給主管。

⑸對投訴客戶進行回訪，瞭解客戶需求信息。

⑹對售後服務文件進行整理、歸檔。

⑺完成上級臨時交辦的工作。

2.關鍵業績指標

⑴表單記錄準確性。

⑵報修及時率。

⑶客戶回訪完成率。

⑷資料整理完整率。

二、考核指標設計

(一)售後服務專員目標管理卡

售後服務專員的考核指標採用目標管理卡進行設計。根據售後服務專員上期實績自我評價和直屬主管的評價，與上級討論後制定下期目標。下期目標主要從工作目標和個人發展目標 2 個方面進行設定，具體的售後服務專員目標管理卡如表 5-9 所示。

表 5-9　售後服務專員目標管理卡

考核期限		姓　　名		職　　位		員工簽字	
實施時間		部　　門		負 責 人		主管簽字	

<table>
<tr><td colspan="3">1.上期實績自我評價(目標執行人記錄後交直屬主管評價)</td><td rowspan="5">1 ⇨</td><td>2.直屬主管評價</td></tr>
<tr><td>相對於目標的實際完成程度</td><td>自我評分</td><td>主管評分</td><td>(1)目標實際達成情況</td></tr>
<tr><td>嚴格遵守售後服務管理制度，考核期間違反售後服務管理制度的次數爲____次，與上期目標相比，增加(減少)____次</td><td></td><td></td><td rowspan="3"></td></tr>
<tr><td>接受和受理客戶的維修需求，考核期間報修及時率爲____%，與上期目標相比，提高(降低)____%</td><td></td><td></td></tr>
<tr><td>對投訴客戶進行回訪，考核期間客戶回訪完成率爲____%，與上期目標相比，提高(降低)____%</td><td></td><td></td></tr>
</table>

續表

負責售後服務文件的整理，考核期間資料整理完整率爲___%，與上期目標相比，提高(降低)___%						
3.下期目標設定(與直屬主管討論後記入)						(2)與目前職位要求相比的能力素質差異
項　目			計劃目標	權重		
工作目標	違反售後服務管理制度的次數	次數爲 0				
	報修及時率	達到 100%				
	客戶回訪完成率	達到___%以上			⇦2	
	資料整理完整率	達到 100%				(3)能力素質提升計劃
	表單記錄準確率	達到 100%				
個人發展目標	培訓參加課時	不少於___小時				
	年度參加與本專業相符的學術研討會的次數	不少於___次				

(二)售後服務專員績效考核表

售後服務專員的績效考核表從主要工作完成情況、工作能力和工作態度這 3 個方面對其進行了全面的績效考核。具體內容如表 5-10 所示。

表 5-10 售後服務專員績效考核表

員工姓名：________________ 職 位：________________

部 門：________________ 地 點：________________

評估期限：自______年___月___日至______年___月___日

1.主要工作完成情況

序號	主要工作內容	考核內容	目標完成情況	考核分數	
				分值	考核得分
1	嚴格按照售後服務管理制度進行各項工作	是否違反本企業的售後服務管理制度			
2	負責接聽並記錄客戶需要的服務信息	表單記錄出現錯誤的次數			
3	負責受理客戶抱怨、投訴、維修等事件	報修不及時的次數			
4	對投訴客戶進行回訪	對投訴客戶的回訪次數			
5	負責售後服務文件的整理、歸檔	資料缺失次數			

2.工作能力

考核項目	考核內容	分值	考核得分		
			自評	考核人	考核得分
親和力	懂得人際交往的藝術，注重與人進行心靈的溝通，能使他人真心信服並願意把自己當朋友				
溝通能力	溝通時能抓住問題要點，表達意圖，陳述意見；傾聽時能夠集中注意力，力求明白				

續表

自控能力	當感覺到強烈情緒時（如發怒、極其沮喪或高度壓力）時，不僅能抑制其表現出來，而且能繼續平靜地進行談話或開展工作				

3.**工作態度**

考核項目	考核內容	分值	考核得分		
			自評	考核人	考核得分
服務態度	對客戶服務態度熱情、積極				
靈活性	通常依照慣例行事，但也能根據環境變化變通行事，以取得良好效果				

請把您認爲合適的數值填寫在相應方格內，如塗改，請塗改者在塗改處簽字，評後準時送交人力資源部。

被考核者（自評人）簽名：　　　　　　直接上級簽名：

心得欄 --

三、績效考核細則

表 5-11　績效考核細則

<table>
<tr><td rowspan="2">考核細則</td><td colspan="3" rowspan="2">××商場售後服務人員
績效考核實施細則</td><td>受控狀態</td><td></td></tr>
<tr><td>編　　號</td><td></td></tr>
<tr><td>執行部門</td><td></td><td>監督部門</td><td></td><td>考證部門</td><td></td></tr>
<tr><td colspan="6"></td></tr>
<tr><td colspan="6">

一、目的

爲了提升售後服務品質，督促售後服務人員更好地爲顧客服務，根據本商場績效管理制度，制定本考核說明。

二、考核類型說明

1.考核時間

售後服務人員的考核時間爲月考核與年度考核相結合的方式。

2.考核關係

由人力資源部配合售後服務部經理對售後服務人員實施考核。

三、考核指標說明

考核指標說明包括業績指標和工作能力指標的細化說明，業績指標採用直接得分的方法，工作能力的得分等於權重×實際分值。具體的考核指標細化說明如下表所示。

</td></tr>
</table>

售後服務專員業績考核指標細化說明

考核項目	考核指標	評價標準
接收並記錄客戶的投訴信息	客戶投訴登記表記錄的準確性	投訴記錄的內容完整準確，得___分，由於記錄錯誤影響投訴處理進度的情況每發生 1 次，扣___分，扣完爲止

續表

處理客戶的退換貨	退換貨手續未在規定時間完成而被客戶投訴的次數	1.常規退換貨未及時辦理手續的情況每出現 1 次，扣___分 2.由於客戶的退換貨要求超出權限而沒有及時辦理手續的情況每出現 1 次，扣___分
對客戶的服務態度	客戶投訴率	以客服部的投訴記錄爲準，經證實屬於服務態度原因引起的投訴每出現 1 次，扣___分，累計次以上，此項不得分
客戶回訪完成情況	客戶回訪完成率	公司規定要對投訴的客戶進行回訪，每出現 1 次未回訪的情況，扣___分，累計___次以上，此項不得分
歸檔售後服務文件	資料歸檔完整性	1.資料歸檔格式規範化，內容完整、條理性強，得___分
歸檔售後服務文件	資料歸檔完整性	2.資料歸檔格式不符合規定，內容基本完整，得___分 3.資料歸檔格式基本符合規定，內容不完整，有漏項，得___分

售後服務專員工作能力指標細化說明

工作能力	評價標準
親和力 (10%)	1.與人接觸交談時，表現出不耐煩的情緒(60 分以下) 2.能夠與人接近和交談，是一位很好的傾聽者，對別人的話題表現出感興趣和有耐心(60～79 分) 3.容易與人接近和交談，能夠做到熱情、真誠地關心別人，並能及時爲別人提供有效的建議和幫助(80～89 分) 4.懂得人際交往的藝術，注重與人進行心靈的溝通，能使他人真心信服並願意把自己當朋友(90～100 分)

續表

溝通能力 (5%)	1.談話中，不善於抓住談話的中心議題，表達自己的想法、觀點不夠簡潔、清晰(60分以下) 2.能較清晰的表達自己的想法，有一定的說服能力(60～79分) 3.溝通時語言清晰、簡潔、客觀，且切中要害，能有效地化解矛盾(80～89分) 4.能靈活運用多種談話技巧和他人進行溝通，並能針對不同的聽眾，調整適當的語言和表達方式以取得一致性結論(90～100分)
自控能力 (5%)	1.在感覺到強烈的感情(例如：發怒、極其沮喪或高度壓力)時，不能很好地抑制，容易表現出來(60分以下) 2.在感覺到強烈的感情(例如：發怒、極其沮喪或高度壓力)時，能抑制其表現出來(60～79分) 3.當感覺到強烈情緒時(如發怒、極其沮喪或高度壓力)時，不僅能抑制其表現出來，而且能繼續平靜地進行談話或開展工作(80～89分) 4.感覺到強烈的感情或其他壓力，能抑制住它們，並以建設性的方法回應壓力和不良情緒，冷靜分析問題來源(90～100分)

編制日期		審核日期		批准日期	
修改標記		修改處數		修改日期	

第五節　售後維修專員

一、關鍵業績指標

1.主要工作

⑴負責保修期內產品的維護、維修工作。

⑵負責過保修期產品的有償維修工作，並回收服務款項。

⑶及時、準確地將產品品質問題和市場信息回饋至售後維修主管處，以便及時解決。

⑷解答客戶有關技術性方面的問題，並爲客戶提供技術升級服務。

⑸負責產品的安裝、調試，並對客戶進行產品操作、維修等技術性培訓。

⑹進行售後服務零配件的銷售工作。

⑺負責填寫《產品維修報告單》和《月工作維修統計表》，並及時上交給維修主管。

⑻完成上級臨時交辦的工作。

2.關鍵業績指標

⑴維修處理及時性。

⑵售後服務零件供應不及時被投訴的次數。

⑶維修一次性成功率。

⑷報表上交的及時、準確率。

二、考核指標設計

(一)售後維修專員目標管理卡

對售後維修專員採用目標管理卡進行績效考核，主要從上期實績自我評價、直屬主管評價和下期目標設定 3 個方面入手，具體的售後維修專員目標管理卡如表 5-12 所示。

表 5-12　售後維修專員目標管理卡

考核期限		姓　　名		職　　位		員工簽字	
實施時間		部　　門		負 責 人		主管簽字	

<table>
<tr><td colspan="4">1.上期實績自我評價(目標執行人記錄後交直屬主管評價)</td><td rowspan="6">1⇨</td><td>2.直屬主管評價</td></tr>
<tr><td colspan="2">相對於目標的實際完成程度</td><td>自我評分</td><td>主管評分</td><td>(1)目標實際達成情況</td></tr>
<tr><td rowspan="2">負責產品的維修工作</td><td>考核期間，維修處理及時率爲___%，與上期目標相比，提高(降低)___%</td><td></td><td></td><td rowspan="4"></td></tr>
<tr><td>考核期間，維修一次性成功率爲___%，與上期目標相比，提高(降低)___%</td><td></td><td></td></tr>
<tr><td colspan="2">進行售後服務零配件的銷售，售後服務零配件供應不及時被投訴的次數爲___次，與上期目標相比，增加(減少)___次</td><td></td><td></td></tr>
<tr><td colspan="2">編制維修報告單和產品維修統計表，考核期間報表上交及時率爲___%，比上期目標提高(降低)___%</td><td></td><td></td></tr>
</table>

續表

3.下期目標設定（與直屬主管討論後記入）

項目		計劃目標	完成時間	權重
工作目標	維修處理及時率	達到 100%		
	維修一次成功率	在___%以上		
	零配件供應不及時被投訴的次數	次數爲 0		
	因未及時對客戶提供技術升級服務被投訴的次數	次數爲 0		
	報表上交及時率	達到 100%		
個人發展目標	參加維修培訓班	不少於___課時		
	對產品品質進行改進的有效建議數	被採納的條數不少於___條		

2

(2)與目前職位要求相比的能力素質差異

(3)能力素質提升計劃

(二)售後維修專員績效考核表

售後維修專員績效考核表從主要工作完成情況、工作態度和工作能力這 3 個方面出發，對售後維修專員進行績效考核。具體內容如表 5-13 所示。

表 5-13　售後維修專員績效考核表

員工姓名：＿＿＿＿＿＿＿＿　職　　位：＿＿＿＿＿＿＿＿

部　　門：＿＿＿＿＿＿＿＿　地　　點：＿＿＿＿＿＿＿＿

評估期限：自＿＿＿年＿＿月＿＿日至＿＿＿年＿＿月＿＿日

1.主要工作完成情況

序號	主要工作內容	考核內容	目標完成情況	考核分數	
				分值	考核得分
1	負責產品的售後維修	維修處理及時率、維修一次成功率			
2	進行售後服務零配件的銷售	售後服務零配件供應不及時被投訴的次數			
3	對客戶進行技術培訓及提供技術升級服務	因沒有及時提供技術培訓及技術升級被客戶投訴的次數			
4	編制各類維修報表	報表上交的及時、準確性			

2.工作能力

考核項目	考核內容	分值	考核得分		
			自評	考核人	考核得分
創新能力	善於打破腐朽，能建設性地促進進步，而不受當前問題的影響				
問題解決能力	在被詢問或受到指示之前，能積極尋求解決辦法，迅速採取行動解決當前問題				

續表

學習能力	能利用自己的知識提供產品品質改進方案，以提高產品研發部門的效率				

3.**工作態度**

考核項目	考核內容	分值	考核得分		
			自評	考核人	考核得分
誠信意識	遵守公司行爲準則，工作中不說假話，給客戶做出的承諾，能全力以赴並信守時間				
服務態度	在正常維護公司利益的前提下，將客戶利益放在第一位，並能夠不斷提高爲客戶服務的技能，在業務範圍內保證客戶有較高的滿意度				

請把您認爲合適的數值填寫在相應方格內，如塗改，請塗改者在塗改處簽字，評後準時送交人力資源部。

被考核者（自評人）簽名：　　　　　　直接上級簽名：

三、績效考核細則

表 5-14　績效考核細則

考核細則	××電腦售後維修專員 績效考核實施細則			受控狀態	
				編　號	
執行部門		監督部門		考證部門	

一、考核目標

1.瞭解售後維修專員的工作能力、工作業績，爲售後維修專員的晉升、薪資調整、培訓與發展等工作提供依據。

2.獎勵先進，鞭策後者，提高公司的售後維修品質。

二、考核頻率

1.月考核，對當月的工作表現進行考核，考核實施時間爲下月 5 日之前，遇節假日順延。

2.年度考核，考核期限爲全年，考核實施時間爲下一年度 1 月 20 日之前。

三、績效考核標準

售後維修專員的考核分值滿分爲 100 分，考核事項分爲 10 項，每項爲 10 分。

1.維修服務考核標準。

⑴上門維修未帶齊維修工具影響維修進度的情況，每出現 1 次，扣___分，扣完爲止。

⑵維修不及時被客戶投訴的情況，每出現 1 次，扣___分，月累計 3 次以上，此項不得分。

⑶上門維修完成後，未讓客戶在服務憑證上簽字的情況，每出現 1 次，扣___分，扣完爲止。

⑷由於個人原因多次維修同一產品的，此項不得分（產品品質問題除外）。

續表

2.投訴考核標準。 ⑴軟體技術升級未及時提供升級服務被客戶投訴的情況，每出現 1 次，扣___分，扣完爲止。 ⑵售後零件供應不及時被投訴的情況，每出現 1 次，扣___分，累計 3 次，此項不得分(公司零件供應處未及時提供除外)。 ⑶上門維修過程中由於個人態度及行爲被客戶投訴的情況，每出現 1 次，扣___分，扣完爲止。 3.其他考核標準。 ⑴產品維修報告單和產品故障維修統計表等未及時提交給維修主管的次數不多於___次，每增加 1 次，扣___分，超過___次，此項不得分。 ⑵客戶對維修工作滿意提出表揚的情況，每出現 1 次，加___分，累計 3 次以上，獎勵___元。 ⑶每遲到 1 次，扣___分，月累計 3 次，此項不得分。 **四、考核結果運用** 1.對每月績效考核成績的前 3 名員工授予「優秀員工」稱號，並發放獎金或獎品。 2.對每月績效考核結果進行歸檔，連續 3 次獲得「優秀員工」稱號的員工，自動獲得「年度優秀員工」稱號並發放獎金，同時調整其薪資水準。 3.連續 3 次績效考核排名在最後 5%的員工，將被調換工作崗位或培訓、辭退等。 4.連續 2 次獲得「年度優秀員工」稱號的員工，將被優先考慮崗位晉升。

編制日期		審核日期		批准日期	
修改標記		修改處數		修改日期	

◎案例　要讓客戶知道你用心處理

面對客戶投訴或抱怨事件，要持有積極受理服務的態度，不要消極抵抗或推卸。要讓客戶知道你在幫助他，而且非常用心，目的在於讓客戶配合你，並有更好的心理感受。

因此，受理服務過程中要遵守相應的流程規定，抓好重要的服務環節，實施閉環服務，關注、關心客戶，爭取客戶的理解和配合。

一、案例實況

某機器配件公司的區域銷售經理趙經理，在出差途中接到客戶電話，說新進一批配件產品有品質問題，剛換配件的機器還不到 24 小時就因配件問題造成停機，再換上新配件還是如此，要求全部退貨，並賠償所造成的損失，等等。

趙經理接到投訴立即將情況電告公司，並急忙趕往客戶處，經過查看有可能是配件問題，也可能是客戶進的其他配件有品質問題。由於缺乏相應檢驗設備和檢驗手段，很難斷定是自己產品的品質問題。趙經理沒有因此跟客戶方爭執責任，而是表示儘量幫助，要求公司給予一定的補償支持。

趙經理立即趕回公司，與公司有關部門及主管商量解決方案，第二天一早同技術服務人員又趕到客戶處。一見面沒有急於拋出解決方案，而是表示自己往返上百千米找到主管，但主管依先例，不肯給予損失補償。沒辦法，又連夜趕到總經理家，經多次請求，總經理終於答應給予一些補償，將原配件掉回，免費送一套配件，並派技術人員給予現場支持。

客戶不是很贊成該處理方案，但看到趙經理疲憊的神態，有感其短時間內兩次到廠的辛苦，而且還帶技術人員前來，覺得趙經理已經盡了最大努力，也幫了很大忙，不忍心繼續再為難趙經理。於是，棘手的投訴賠償案就在和氣中得以順利解決。

二、精要點評

受理投訴要以幫助者的角色出現在客戶眼裏，就應該止客戶知道你幫助做了那些事情，盡了什麼力量，花了多少心血。

當客戶知道你很用心來解決問題，即使解決方案不是很理想，也會看在你努力幫助的份上而勉強接受。本案例中趙經理深知此法的作用，使相當棘手的投訴案得以順利解決。

如果趙經理事先沒有把趕時間處理作為基礎，沒有鋪墊和強調自己努力的過程，而是直接拋出解決的方案，那怕出臺的方案再好，也可能會被客戶討價還價一番，不僅僅損失補償要加重，甚至會失去客戶，在行業內造成極壞影響，其後果不堪設想。

所以，「先人情後事情」的做法，在客戶投訴處理中也是需要遵守的重要原則。

三、實戰擴展

在實際客戶投訴受理中，受理人員一定要要遵守「客戶投訴受理規程」，「客戶投訴回訪規程」。

「客戶投訴受理規程」的正確步驟與關鍵環節內容如下：

第一步，微笑與致歉。以微笑、禮貌、客氣的方式對待客戶，客戶有怒氣自然得到控制。不管是不是客戶的責任，都要先道歉，這是透心清涼劑。

第二步，傾聽與觀察。客戶需要你作爲傾聽對象。要瞭解清楚客戶抱怨的問題與原因，觀察和瞭解客戶的個性。

第三步，詢問與核實。通過提問，客戶認爲你關心他，心情自然好，也有助於對問題的瞭解。通過提問，核實客戶真實問題的核心之處，以利於問題的解決。

第四步，關注與理解。要真誠地表示關心客戶，這是處理抱怨的關鍵，要理解客戶的心情和要求，設法試探客戶期望與目的。

第五步，解釋與處理。告訴客戶你將盡力幫助他，儘快解決問題。按規定通知相關部門或人員，並將回饋的處理結果告訴客戶。

第六步，致謝與結束。向客戶致謝，表示你已盡力，自然而友好地結束客戶抱怨的處理。

「客戶投訴受理規程」中最爲關鍵的環節是關注與理解，應用好能讓客戶產生好的感受和情緒，有助於投訴問題的處理。

「客戶投訴回訪規程」的正確步驟與關鍵環節內容如下：

第一步，良好態度與致歉。以良好的態度和表情，主動回訪客戶，告之解決方案之前，先要致以歉意。

第二步，過程與結果。告之結果前，先告之過程和你的努力。告之結果，要以商量和協商的口吻。

第三步，異議與應對。客戶對結果不滿意或有異議，不能直接反對，要傾聽客戶新的傾向和想法，並表示理解。

第四步，協商與勸說。以協商的口吻，建議和勸說客戶接受。如果客戶不願意接受處理結果，要表示願意努力改善，但不要給客戶太大希望。

第五步，反覆努力。當客戶不願意接受處理方案時，要表示會再次努力去幫助客戶，或者重新選擇方案，或以原方案再次回訪和勸說。

第六步，致謝與結束。向客戶表示歉意和謝意，自然而友好地結束客戶抱怨的回訪處理。

「客戶投訴回訪規程」中的最爲關鍵環節是過程與結果。

四、常見偏失

實際工作中，投訴受理人員常見的不足與錯誤主要有以下幾個方面：

⑴服務人員的受理角色定位不正確，讓客戶感覺到受理人員是解決問題的而不是幫助解決問題的。

⑵不清楚或不重視讓客戶知道幫助過程的重要性與價值。

⑶沒有讓客戶知曉你是如何幫助他的，以及幫助過程中如何努力，如何用心。

⑷投訴受理中沒有遵守「客戶投訴受理規程」，不重視其關鍵環節的處理。

⑸不懂利用回訪規程來達到更好的處理效果。

⑹投訴回訪中沒有遵守「客戶投訴回訪規程」，不重視其關鍵環節的處理。

五、小結與提醒

讓客戶知道你很用心處理，就是正面促進客戶對處理方案的理解和接受。

當客戶知道你很用心，即使是處理過程或解決方案不十分符合其願望，也會看在你努力幫助的份上而勉強接受，而不會繼續發難或糾纏。

讓客戶知曉受理人員是如何幫助他的，以及幫助過程中受理人員如何努力和用心，同時也正面強化了受理人員的幫助角色，促進了客戶對受理過程的良好感受。

心得欄

第 6 章

客戶信息管理崗位

第一節　客戶信息主管

一、關鍵業績指標

1.**主要工作**

⑴根據企業對客戶信息管理的要求，制定客戶信息管理的各項制度並不斷修正和完善。

⑵負責客戶信息管理系統的建立工作，並根據企業規劃不斷對系統進行完善。

⑶參與客戶信用等級評定方法、客戶信用限度確定方法的制定工作，並配合實施。

⑷組織客戶信息專員開展客戶的信息收集、統計和分析工作，並對工作效果和進程進行監督。

⑸根據客戶信息統計情況，定期提交分析報告，對客戶情

緒的波動變化進行分析，並提出自己的意見。

(6)監督客戶檔案保密工作的實施，確保客戶檔案保密制度的執行。

(7)負責或參與客戶信息專員培訓及考核工作。

(8)及時處理客戶信息管理過程中出現的各種異常問題。

2.關鍵業績指標

(1)客戶信息管理系統的建設情況。

(2)客戶信息的全面性。

(3)客戶信息的有效性。

(4)客戶資料的保密性。

(5)客戶信息的分析報告品質。

二、考核指標設計

(一)客戶信息主管目標管理卡

客戶信息主管目標管理卡由採購成本控制專員上期工作的實際完成情況和下期工作預計完成情況組成，使得客戶信息主管的目標實現情況可以測量和監控。具體見表 6-1。

表 6-1　客戶信息主管目標管理卡

考核期限		姓　名		職　位		員工簽字		
實施時間		部　門		負責人		經理簽字		
1.上期實績自我評價(目標執行人記錄後交直屬經理評價)							2.直屬經理評價	
相對於目標的實際完成程度				自我評分	經理評分		(1)目標實際達成情況	

續表

<table>
<tr><td colspan="3">客戶信息管理系統良好運行率爲___%，低於(高出)目標值___%</td><td></td><td></td><td rowspan="6">1</td><td rowspan="6"></td></tr>
<tr><td colspan="3">客戶信息全面性評價平均分達到___分，高/低於目標值___分</td><td></td><td></td></tr>
<tr><td colspan="3">客戶信息有效率達到___%，高/低於目標值___%</td><td></td><td></td></tr>
<tr><td colspan="3">客戶信息的分析報告提交及時率___%，低於目標值___%</td><td></td><td></td></tr>
<tr><td colspan="3">客戶信息的分析報告品質平均爲分，低於(高出)目標值___分</td><td></td><td></td></tr>
<tr><td colspan="3">客戶信息檔案洩露事件___起，高出目標值___起</td><td></td><td></td></tr>
<tr><td colspan="5">3.下期目標設定(與直屬經理討論後記入)</td><td rowspan="9">2</td><td rowspan="2">(2)與目前職位要求相比的能力素質差異</td></tr>
<tr><td colspan="2">項　目</td><td>計劃目標</td><td>完成時間</td><td>權重</td></tr>
<tr><td rowspan="6">工作目標</td><td>客戶信息管理系統良好運行率</td><td>達到100%</td><td></td><td></td><td rowspan="3"></td></tr>
<tr><td>客戶信息全面性</td><td>評估得___分</td><td></td><td></td></tr>
<tr><td>客戶信息有效率</td><td>達到___%</td><td></td><td></td></tr>
<tr><td>客戶信息的分析報告提交及時率</td><td>達到100%</td><td></td><td></td><td>(3)能力素質提升計劃</td></tr>
<tr><td>客戶信息的分析報告品質評估</td><td>評估平均得分不低於___分</td><td></td><td></td><td rowspan="3"></td></tr>
<tr><td>客戶信息檔案保密情況</td><td>無客戶信息檔案洩露事件發生</td><td></td><td></td></tr>
<tr><td>個人發展目標</td><td>參加培訓時數</td><td>接受培訓的時數不少於___小時</td><td></td><td></td></tr>
</table>

(二)客戶信息主管績效考核表

績效考核表是從主要工作完成情況、工作能力和工作態度這 3 個方面對客戶信息主管進行全面考核的表單。具體內容見表 6-2。

表 6-2　客戶信息主管績效考核表

員工姓名：________ 職　　位：________

部　　門：________ 地　　點：________

評估期限：自____年___月___日至____年___月___日

1.主要工作完成情況

序號	主要工作內容	考核內容	目標完成情況	考核分數	
				分值	考核得分
1	管理、維護客戶信息管理系統	客戶信息管理系統的良好運行率			
2	收集、統計客戶信息	客戶信息全面性 客戶信息有效率			
3	定期對客戶信息進行整理、分析，提交客戶信息分析報告	客戶信息的分析報告提交及時率			
		客戶信息的分析報告品質			
4	組織做好客戶信息檔案的保密工作	客戶信息檔案的保密性			

2.**工作能力**

考核項目	考核內容	分值	考核得分		
			自評	考核人	考核得分
學習能力	是否能積極主動地瞭解專業領域的最新發展情況並將理論用於實踐				
協調能力	能否根據工作需要，合理配置相關資源，協調各方面關係、激起各方面的積極性，並及時處理和解決客戶信息管理過程中的各種問題				
關注細節能力	是否關注客戶信息管理過程中的細節和出現的問題，能帶動下屬學習和掌握各種可以提升和改進細節的方法				

3.**工作態度**

考核項目	考核內容	分值	考核得分		
			自評	考核人	考核得分
積極性	工作是否積極主動，有時間意識並能夠準確及時地完成工作任務				
責任感	能否做到對工作中的失誤或過失，不迴避，不推卸，勇於承擔				

請把您認爲合適的數值填寫在相應方格內，如塗改，請塗改者在塗改處簽字，評後準時送交人力資源部。

被考核者(自評人)簽名：　　　　　　　　直接上級簽名：

三、績效考核細則

表 6-3　績效考核細則

考核細則	客戶信息主管績效考核實施細則			受控狀態	
				編　　號	
執行部門		監督部門		考證部門	

一、總則

1.目的。

爲激發客戶信息主管工作的積極性，爲客戶信息主管的晉升、薪資調整、培訓與發展等提供決策依據，特制定本實施細則。

2.考核實施原則。

⑴本著公平、公開的原則，力求考核結果的準確、客觀。

⑵考核結果只對被考核者本人、直屬主管、人力資源部負責人公開。

二、考核頻率

1.季考核。每季考核 1 次，考核時間爲每季第 1 個月的 10 日前。

2.年度考核。每年考核 1 次，考核時間爲次年的 1 月 15 日前(年度考核得分＝季考核得分的平均分×60%＋年終考核得分×40%)。

三、考核內容

對客戶信息主管的考核，主要包括工作業績、工作能力、工作態度 3 個部份，具體內容如下表所示。

客戶信息主管績效考核表

考核項目	考核指標	權重	評分標準
工作業績 80%	客戶信息管理制度制定情況	15%	1.客戶信息管理制度中每遺漏 1 項內容扣分，超過___條，該項得分爲 0 2.客戶信息管理制度中發現 1 項錯誤的條款扣___分，超過___項。該項得分爲 0
	客戶信息管理制度制定情況	15%	3.客戶信息管理制度中發現 1 項無法執行的條款扣___分，超過___項，該項得分爲 0 4.此指標的得分爲上述 3 項得分的平均值

續表

工作業績80%	客戶信息管理系統運行情況	20%	1.客戶管理系統運行穩定，加___分；不穩定，該項得分為 0(系統穩定性由專業軟體測試得出) 2.客戶管理系統運行的速度快，考核期內沒有出現影響正常的信息輸入、查詢等工作的情況，加___分；因速度慢影響正常工作的情況每發生 1 次，扣 0.1 分，扣完為止 3.客戶管理系統安全、可靠，加___分；存在漏洞，導致客戶信息丟失，該項得分為 0 4.客戶管理系統使用人員對系統的操作靈活性、用戶界面是否友好的評價目標值為___分，每減少___分，扣___分；低於___分，該項得分為 0 5.客戶管理系統能及時提醒誤操作，並對其具有遮罩能力，加___分；不存在這種功能，該項得分為 0 6.此指標的得分為上述 5 項得分的平均值
	客戶信用管理情況	15%	1.能選擇合適的客戶信用限度確定方法，加___分；否則該項為 0 2.每發現 1 個超出信用限度的客戶，並在規定時間內上報客服部，加___分
	客戶信息的安全性	15%	1.因對客戶信息專員監督不利導致客戶信息洩露 (1)若發生重要客戶信息外露，扣 5 分 (2)若發現客戶信息專員故意洩露客戶信息，扣發當月獎金 2.若發現本人故意洩露客戶信息，一律解僱
	異常問題處理及時性	15%	在公司規定時間內處理好客戶信息管理過程中的異常問題，每推遲 1 天，扣___分；超過 3 天，該項得分為 0
工作能力10%	協調能力	5%	1.工作雜亂無章，下屬之間不能進行很好的協作，得 0 分 2.能合理安排日常工作，對複雜工作的分配和協調有困難，得 1～2 分

續表

工作能力10%	協調能力	5%	3.能進行複雜任務的分配和協調，並取得他人對自己工作的支持和配合，得3分 4.能合理、有效地安排、協調週圍的資源，並得到他人的信任和尊重，得4～5分
	關注細節能力	5%	1.不關注客戶信息管理過程中的細節和出現的問題，得0分 2.很少關注客戶信息管理過程中的細節和出現的問題，得1～2分 3.關注客戶信息管理過程中的每一個細節，但對於客戶信息管理過程中出現的問題很少關注，得3分 4.關注客戶信息管理過程中的細節和出現的問題，能帶動下屬員工學習和掌握各種可以提升和改進細節的方法，得4～5分
工作態度10%	工作積極性	5%	1.應交付的工作在督導的情況下也無法完成，得0分 2.應交付的工作常需督導才能完成，得1～2分 3.相當積極，盡全力完成工作，得3分 4.對工作負責且積極主動，全心投入，得4～5分
	責任感	5%	1.工作敷衍，不願承擔責任，得0分 2.工作還算認真，有一定的責任意識，得1～2分 3.工作認真，主動承擔過失，得3分 4.工作兢兢業業，勇於承擔工作中的失誤或過失，不廻避，不推卸得4～5分

四、考核結果的應用

考核總分爲100分，可將考核結果分爲5個級別，即90≤考核得分≤100、80≤考核得分＜90、70≤考核得分＜80、60≤考核得分＜70、考核得分＜60，其具體應用如下表所示。

續表

績效考核結果的應用	
考核得分(S)	考核結果應用
90≤S≤100	職位晉升或固定工資上調 2 個等級，年度獎金全額發放
80≤S＜90	固定工資上調 1 個等級，年度獎金發放 90%
70≤S＜80	固定工資不變，年度獎金發放 80%
60≤S＜70	固定工資不變，年度獎金發放 60%～70%
A＜S	固定工資扣減 10%，無獎金

編制日期		審核日期		批准日期	
修改標記		修改處數		修改日期	

第二節　客戶信息專員

一、關鍵業績指標

1.主要工作

⑴協助客戶信息主管制定客戶信息管理的各項制度和流程，並按規定執行。

⑵在客戶信息主管的領導下，根據需要對客戶的相關信息進行收集與統計。

⑶整理與分類各項客戶信息，定期或不定期提交客戶信息統計報告。

⑷參與客戶的信用等級評定，對信用評定後的客戶檔案進行分級、分類管理。

⑸定期維護客戶信息管理系統，根據實際情況對系統的不斷完善提出合理化建議。

⑹負責客戶信息和客戶資料的整理、歸檔工作，保證客戶檔案的保密性。

⑺及時向主管通報在客戶信息處理過程中遇到的難以解決的問題，或發現的異常情況。

2.關鍵業績指標

⑴客戶信息全面性。

⑵客戶信息有效性。

(3)客戶資料的保管情況。

(4)信息統計報告提交及時率。

二、考核指標設計

(一)客戶信息專員目標管理卡

對客戶信息專員的績效考核採用目標管理的考核方法，在目標管理卡中包括上期實績自我評價、直屬主管評價和下期目標設定 3 個部份，具體內容見下表 6-4。

表 6-4　客戶信息專員目標管理卡

<table>
<tr><td>考核期限</td><td></td><td>姓　　名</td><td></td><td>職　　位</td><td></td><td>員工簽字</td><td></td></tr>
<tr><td>實施時間</td><td></td><td>部　　門</td><td></td><td>負 責 人</td><td></td><td>主管簽字</td><td></td></tr>
<tr><td colspan="5">1.上期實績自我評價(目標執行人記錄後交直屬主管評價)</td><td rowspan="7">1</td><td colspan="2">2.直屬主管評價</td></tr>
<tr><td colspan="3">相對於目標的實際完成程度</td><td>自我評分</td><td>主管評分</td><td colspan="2">(1)目標實際達成情況</td></tr>
<tr><td colspan="3">客戶信息全面性評價平均分達到___分，高/低於目標值___分</td><td></td><td></td><td colspan="2" rowspan="5"></td></tr>
<tr><td colspan="3">客戶信息有效率達到___%，高/低於目標值___%</td><td></td><td></td></tr>
<tr><td colspan="3">客戶資料違規使用情況___次，高出目標值___次</td><td></td><td></td></tr>
<tr><td colspan="3">客戶信息統計報告及時提交率達到___%，高/低於目標值___%</td><td></td><td></td></tr>
<tr><td colspan="3">客戶信息分析報告品質評估平均分達到___分，高/低於目標值___分</td><td></td><td></td></tr>
</table>

續表

<table>
<tr><td colspan="5">3.下期目標設定（與直屬主管討論後記入）</td><td rowspan="8">2</td><td rowspan="2">(2)與目前職位要求相比的能力素質差異</td></tr>
<tr><td colspan="2">項　目</td><td>計劃目標</td><td>完成時間</td><td>權重</td></tr>
<tr><td rowspan="5">工作目標</td><td>客戶信息全面性</td><td>評估得分___分</td><td></td><td></td><td rowspan="3"></td></tr>
<tr><td>客戶信息有效率</td><td>達到___%</td><td></td><td></td></tr>
<tr><td>客戶資料的保管情況</td><td>無洩露、遺失、違規使用情況發生</td><td></td><td></td></tr>
<tr><td>客戶信息統計報告提交及時率</td><td>達到 100%</td><td></td><td></td><td>(3)能力素質提升計劃</td></tr>
<tr><td>客戶信息統計報告品質</td><td>評估得分___分</td><td></td><td></td><td rowspan="2"></td></tr>
<tr><td>個人發展目標</td><td>閱讀與本職工作相關的書籍</td><td>達___本/全年</td><td></td><td></td></tr>
</table>

(二)客戶信息專員績效考核表

客戶信息專員的績效考核表從主要工作完成情況、工作能力和工作態度這 3 個方面對客戶信息專員進行考核。具體內容如表 6-5 如示。

表 6-5　客戶信息專員績效考核表

員工姓名：________　職　　位：________

部　　門：________　地　　點：________

評估期限：自____年___月___日至____年___月___日

1.主要工作完成情況

序號	主要工作內容	考核內容	目標完成情況	考核分數	
				分值	考核得分
1	收集、統計客戶信息	客戶信息全面性 客戶信息有效率			
2	負責客戶資料的借閱、保密、保管工作	客戶資料保管			
3	對客戶資料進行真假分析，並定期提交客戶分析報告	統計報告提交及時率信息統計報告的品質			

2.工作能力

考核項目	考核內容	分值	考核得分		
			自評	考核人	考核得分
學習能力	積極進行自我充電，能夠快速地掌握和運用新知識、新技能				
邏輯分析能力	能夠根據對信息收集結果的客觀分析和正確判斷，對相關問題的未來發展趨勢做出正確的預測				
團隊協作能力	工作中具有團隊意識，能夠不斷調整自我以適應工作需要，能夠積極主動地配合其他員工的工作				

3.工作態度

考核項目	考核內容	分值	考核得分		
			自評	考核人	考核得分
紀律性	嚴格遵守規章制度，嚴於職責，堅守崗位				
主動性	工作積極主動，踏實肯幹，認真負責				
保密意識與責任心	嚴格保管客戶信息，對自己的所作所爲負責及對他人、對企業承擔責任和履行義務的自覺態度				

請把您認爲合適的數值塡寫在相應方格內，如塗改，請塗改者在塗改處簽字，評後準時送交人力資源部。

被考核者(自評人)簽名：　　　　　　直接上級簽名：

三、績效考核細則

表 6-6　績效考核細則

考核細則	客戶信息專員績效考核實施細則			受控狀態	
				編　號	
執行部門		監督部門		考證部門	

一、客戶信息專員績效考核細化說明

客戶信息專員關鍵考核指標的評價標準及考核週期見下表。

客戶信息專員績效考核細化說明表

考核項目	評價標準	考核週期
客戶信息收集的全面性	每缺少 1 項客戶信息，扣___分，扣完爲止 客戶的信息包括：客戶基本資料、客戶營業業務資料、客戶計費賬務資料、客戶信用資料、客戶服務資料、附加信息(包括客戶內部環境資料、關聯企業資料、內部重要員工資料、項目資料、資源佔用資料)	月/季/年度

續表

客戶信息統計報告	1.在規定時間內提交客戶信息統計報告，每推遲1天，扣___分；超過3次，得0分(40%) 2.每缺少下列統計內容中的1項，扣___分，扣完為止(60%)經營素質、業界評語、市場情況、財務狀況、管理人員素質 3.得分＝(1.得分)×40%＋(2.得分)×60%	月/季/年度
客戶信息系統的維護與更新情況	1.定期維護客戶信息系統，因處理不當引發的狀況，按嚴重性程度不同每出現1次故障扣___～___分 2.隨時更新客戶信息 ⑴每天的新增客戶數據必須立即錄入客戶信息管理系統，客戶信息未按時錄入每發現1條扣___分 ⑵每發現1次未及時更新已存在的客戶的信息，扣___分；超過3次，該項得分為0(未及時更新的客戶信息是指相關部門都已知道的客戶信息變更而客戶信息系統中未更新的信息)	月/季/年度
客戶信息歸檔情況	1.客戶信息歸檔率 ⑴目標值＝考核期內實際歸檔數÷考核期內應歸檔數×100% ⑵目標值為100%，每減少___%，扣___分；低於___%，該項得分為0 2.客戶信息檔案的完整性 ⑴已歸檔的客戶信息檔案中，每發現缺失1頁資料，扣___分；超過3頁，該項得分為0 ⑵若發現缺失1頁重要資料，該項得分為0 3.該項得分為上述2項得分的算術平均值	月/季/年度

續表

客戶信息的安全性	1.每發生 1 次客戶信息外漏，扣___分；超過 3 次，該項得分爲 0，並給予警告處分 2.若發生重要客戶信息外漏，工資降 1 級 3.若發現故意洩露客戶信息，一律解僱	月/季/年度

二、績效考核結果應用

對客戶信息專員績效考核結果的應用採用強制正態分佈法，按照優秀、良好、合格、基本合格、不合格來劃分，對應的分佈比例分別爲 5%、15%、60%、15%、5%，這一比例可以根據當期公司業績的實際情況，進行一定的調節，考核結果的具體應用見下表。

績效等級分佈比例及獎金係數對照表

績效等級	A(優秀) 90～100 分	B(良好) 80～89 分	C(合格) 70～79 分	D(基本合格) 60～69 分	E(不合格) 60 分以下
分佈比例	5%	15%	60%	15%	5%
績效等級	A(優秀) 90～100 分	B(良好) 80～89 分	C(合格) 70～79 分	D(基本合格) 60～69 分	E(不合格) 60 分以下
績效獎金係數	1.6	1.4	1.2	1	0.8
編制日期		審核日期		批准日期	
修改標記		修改處數		修改日期	

◎案例　服務講究細節更要深耕細作

客戶服務工作要從細微之處著手，要切實爲顧客著想，要用心去體貼客戶的難處，採取最佳服務辦法，才能贏得客戶的心。

服務就是從簡單的、普通的事情和問題著手，要研究細節，對服務問題要深耕細作，從客戶角度多方位思考，衡量什麼樣的做法才是最佳的，才是客戶最需要的。

一、案例實況

某冷氣機品牌某地區服務中心的服務人員張小姐接到一位客戶的電話，詢問冷氣機外機的罩子如何購買。小張回覆冷氣機外機的防雨罩屬於贈送品，需要帶本品牌的購機發票到購機處或服務中心領取，老人聽了後答覆以後再說。

客戶聲音聽起來很含糊，似乎人很疲憊，小張越聽越不對勁，忙追問客戶是不是身體不舒服。客戶說，人老身體不太好，前陣子心臟有點不舒服，剛剛住院回來，現在心情不錯。今天看看天氣涼了，家裏孩子都在外地工作，老頭子身體也不好，不知道冷氣機如何保養，於是打電話給你們……張小姐聽完後，趕緊告訴客戶叫她安心，明天會親自把冷氣機外機防雨罩送過去。

第二天，小張敲開客戶的門，家裏只有兩位老人，都 70 多歲了，親屬都不在本地工作。張小姐趕緊安裝好冷氣機防雨罩，並把冷氣機電源開關關掉，拆洗冷氣機過濾網。一切做好以後，開始講解冷氣機的保養和使用注意事項……

做完事情後，小張在臨出門時交代客戶，以後有什麼事情請直接打電話找她……

二、精要點評

客戶服務需要超值化，就是要講究細節、深耕細作。

張小姐所需要解決的服務問題，只要直接回覆客戶，解答清楚客戶諮詢的問題即可。但張小姐的服務並沒有停留在這個層次上，而是能夠從客戶語氣中察覺其問題和難處，主動關心，的確難能可貴。同時爲客戶著想，提供超值服務，主動上門解決客戶問題，贏得了客戶的口碑和信賴。

因此，客戶服務人員在工作中，要善於發現客戶的服務需求，更要深層次挖掘客戶問題產生的原因，懂得細化客戶問題，把握其服務特點，以選擇最好的服務方式，追求最佳的服務成效，這是實現超值服務的關鍵。

三、實戰擴展

在服務過程中，應該如何把握細節，深耕細作呢？

第一，採用聽、察、問、斷、定的基本功夫，來快速判斷客戶的服務需求。

第二，細化客戶問題，尋找問題的真實原因。

瞭解客戶服務問題的細節，設法從中找出客戶的核心問題和關鍵問題，只有這樣，才能更準確、更有針對性地把握客戶的服務特點和服務要求。

第三，要主動關心、關懷、關愛客戶。

人是感性動物。通過主動關心、關懷、關愛客戶，讓客戶感受到服務人員的真誠，有助於客戶說出更多的服務需求信息和相應的情況，同時也更容易獲得客戶對服務過程的配合，提升服務滿意度。

第四，從客戶角度選擇最好的服務方法。

服務部門產生的服務辦法，大多數是從自身的方便性出發，或者能夠滿足客戶的共性要求，但對於個別客戶而言，往往不是最好或最合適的方法。因此，必須體諒客戶，充分考慮客戶的難處，選擇對客戶來說最合適、最方便的服務方式和服務措施。

第五，敢於衝破既有的服務規定。

企業既有的服務規定不可能滿足所有服務要求，特別是一些特殊客戶的要求。當服務規定阻礙客戶服務問題的解決或限制客戶獲取超值服務時，服務人員要以客戶爲重，敢於衝破死規定的限制。

四、常見偏失

在實際工作中，服務人員的錯誤行爲或不足有：

⑴不重視明確客戶需求的重要性，或不懂得如何去發現客戶的服務需求，把握客戶的服務特點。

⑵服務問題沒有細化，對客戶服務的核心或關鍵問題把握不準；或對客戶服務問題沒有進行分析，不清楚客戶產生服務需求的真實原因。

⑶在服務過程中，生搬硬套既有的服務規定或做法，缺乏靈活性，不能根據客戶特點和需要進行針對性服務。

⑷在服務過程中，不懂得主動去關心客戶，缺乏人性化服

務技巧，或不懂得強化客戶內心的美好感受。

(5)在服務過程中，光考慮自己的方便性，沒有從客戶角度去考慮客戶的困難和不便利性。

五、小結與提醒

細節決定成敗，也決定服務的成效。

服務的功夫就是要做到深處、細處。在明確客戶服務需求和服務特點的基礎上，要善於細分客戶問題，找出客戶服務需求的核心和關鍵，懂得分析客戶的真實動機和原因。同時，在客戶服務過程中，要學會更好地去關愛客戶，從客戶角度選擇最適合的服務方法，並做好服務細節。

心得欄

第7章

客戶服務品質管理崗位

第一節　客戶服務品質經理

一、關鍵業績指標

1.主要工作

⑴根據企業的發展戰略，組織建立客戶服務品質管理制度和評價體系，並監督實施。

⑵根據企業運營業務特點，組織制定客戶服務品質標準和服務流程規範，並監督執行。

⑶根據客服工作和客戶需求變化，制定客戶服務品質保證計劃，不斷提高客戶服務品質。

⑷組織建立健全客戶服務品質監控體系，對客服人員的服務品質進行監督。

⑸定期組織開展客戶滿意度調查活動，對客服人員的服務

品質進行科學、合理的評估。

(6)組織做好服務品質管理體系的運行及維護工作。

(7)完成上級臨時交辦的工作。

2.關鍵業績指標

(1)服務品質監控體系的建設目標達成率。

(2)服務品質體系審核的一次性通過率。

(3)服務品質改善目標達成率。

(4)客戶滿意度。

二、考核指標設計

客戶服務品質經理的主要職責是組織建立及實施科學的客戶服務品質體系和標準，不斷提高客戶的滿意度。對其實施績效考核，可從以下 4 個方面設計指標，並確認績效目標值，具體內容如表 7-1 所示。

表 7-1　客戶服務品質經理考核指標設計表

被考核者			考核者		
部門			職位		
考核期限			考核日期		
關鍵績效指標		權重	績效目標值	考核得分	
				指標得分	加權得分
財務類	服務品質費用控制	10%	考核期內，服務品質費用控制在預算範圍內		

續表

運營類	服務品質監控體系的建設目標達成率	20%	考核期內，服務品質監控體系建設目標達成率達___%		
	服務品質體系審核的一次性通過率	10%	考核期內，服務品質體系審核的一次性通過率達___%		
	服務品質改善目標的達成率	10%	考核期內，服務品質改善目標達成率達___%		
客戶類	客戶滿意度	15%	考核期內，客戶對服務品質滿意度評分在___分以上		
	客戶有效投訴次數	10%	考核期內，客戶服務工作受到客戶投訴的次數在___次以上		
學習發展類	服務品質培訓計劃完成率	15%	考核期內，服務品質培訓計劃完成率達到___%		
	核心員工保有率	10%	考核期內，核心員工保有率達到___%		
合計					

被考核者	考核者	覆核者
簽字： 日期：	簽字： 日期：	簽字： 日期：

三、績效考核細則

表 7-2　績效考核細則

文本名稱	客戶服務品質經理目標責任書	受控狀態	
		編　　號	

一、合約主體

甲方：客服部經理

乙方：客戶服務品質經理

二、目的

爲明確工作目標、工作責任，依據公司相關管理制度，特制定本目標責任書。由甲方對乙方進行考核，根據考核結果向乙方實施獎罰。

三、責任期限

_____年___月___日～_____年___月___日。

四、主要工作權限

1.對客戶服務品質管理工作及涉及職能範圍工作的監督、檢查權。

2.對客戶服務品質標準和客戶服務品質評價體系的審核權。

3.(權限範圍內)文件的簽發與審批。

4.權限內的財務審批權。

5.對所屬下級工作爭議的裁決權。

6.對直接下級人員調配、獎懲的建議權，任免提名權和考核評價權。

五、工作目標與考核

1.業績指標(權重：60%)。

客戶服務品質經理業績考核指標

考核指標	權重	指標定義/評價標準	得分
服務品質評價體系的完善性	10%	公司管理層對客戶服務品質評價體系完善性評分應達到___分，每降低___分，扣___分	

續表

服務品質體系審核的一次性通過率	15%	服務品質體系審核的一次性通過率達 100%，不足 100%的，本項指標不得分	
服務品質改善目標的達成率	15%	服務品質改善目標的達成率應達到____%，每降低____%，扣____分	
客戶滿意度	5%	對計費準確性的滿意度達____分，每降低____分，扣____分	
	5%	對熱線服務的滿意度達____分，每降低分，扣____分	
	5%	對業務辦理等待時間的滿意度達____分，每降低____分，扣____分	
	5%	有效投訴次數在____次以內，每增加 1 次，扣____分	

2.管理績效指標（權重：40%）。

⑴企業形象建設與維護，通過上級滿意度評價分數進行評定，上級滿意度評價目標分爲____分，每降低____分，扣____分。

⑵下屬員工違紀違規情況，若下屬員工嚴重違反公司紀律，扣____分，一般性違紀違規，扣____分。

⑶服務品質培訓計劃完成率。

①計算公式：服務品質培訓計劃完成率＝已完成培訓項目數÷計劃的培訓項目總數×100%

②評價標準：培訓計劃完成率應達到 100%，每減少____%，扣____分，低於____%，此項得分爲 0。

⑷關鍵員工流失率。

①計算公式：關鍵員工流失率＝關鍵員工主動離職人數÷公司規劃的關鍵員工總人數×100%

續表

②評價標準：關鍵員工流失率控制在___%以內，每增加___%，扣___分，高於___%，此項得分為 0。

六、附則

1.本公司在生產經營環境發生重大變化或發生其他情況時，有權修改本責任書。

2.本責任書自簽訂之日起生效，責任書一式兩份，公司與客戶服務品質經理各執一份。

甲方：　　　　　　　　　　　　乙方：

日期：　　　年　　月　　日　　　日期：　　　年　　月　　日

相關說明					
編制人員		審核人員		批准人員	
編制日期		審核日期		批准日期	

心得欄

第二節　客戶服務品質主管

一、關鍵業績指標

1.主要工作

⑴協助客戶服務品質經理建立客戶服務品質管理制度和評價體系，並貫徹落實。

⑵負責建立客戶服務品質標準和服務流程規範，並督促相關人員嚴格執行。

⑶負責客戶服務品質的檢查和監督工作，並定期組織編制《服務品質分析報告》。

⑷根據企業運營業務和客戶需求的變化，制定客戶服務品質改善方案，提交上級審批後實施。

⑸負責開展客戶滿意度調查工作，掌握客戶對服務品質的滿意度情況，並提交《滿意度報告》。

⑹配合人力資源部做好客服人員的服務品質培訓和績效考核工作。

⑺負責組織相關人員編寫《客戶服務品質體系文件》。

⑻完成上級交辦的臨時性工作。

2.關鍵業績指標

⑴服務品質分析報告的提交及時率。

⑵服務品質體系審核的一次性通過率。

⑶客戶有效投訴次數。

⑷服務品質改善方案的一次性通過率。

二、考核指標設計

（一）客戶服務品質主管目標管理卡

目標管理卡是通過設定預期目標、結合自我評價和直屬經理評價對客戶服務品質主管的目標達成情況進行考核的工具。具體內容如表 7-3 所示。

表 7-3　客戶服務品質主管目標管理卡

<table>
<tr><td>考核期限</td><td></td><td>姓　　名</td><td></td><td>職　　位</td><td></td><td>員工簽字</td><td></td></tr>
<tr><td>實施時間</td><td></td><td>部　　門</td><td></td><td>負 責 人</td><td></td><td>經理簽字</td><td></td></tr>
<tr><td colspan="3">1.上期實績自我評價（目標執行人記錄後交直屬經理評價）</td><td rowspan="6">1 →</td><td>2.直屬經理評價</td></tr>
<tr><td>相對於目標的實際完成程度</td><td>自我評分</td><td>經理評分</td><td>⑴目標實際達成情況</td></tr>
<tr><td>服務品質分析報告提交及時率達___%，與目標相比，超出（相差）___%</td><td></td><td></td><td rowspan="4"></td></tr>
<tr><td>品質管理體系審核一次性通過率達___%，比目標提高（降低）___%</td><td></td><td></td></tr>
<tr><td>客戶有效投訴次數控制在___次，與目標相比，超出（相差）___次</td><td></td><td></td></tr>
<tr><td>服務品質改善方案一次性通過率達___%，與目標相比，超出（相差）___%</td><td></td><td></td></tr>
</table>

續表

3.下期目標設定(與直屬經理討論後記入)				
項目		計劃目標	完成時間	權重
工作目標	服務品質分析報告的提交及時率	達到___%		
	品質管理體系審核的一次性通過率	達到 100%		
	客戶有效投訴次數	在___次以下		
	服務品質改善方案的一次性通過率	達到___%		
個人發展目標	個人參加業餘培訓時數	考核期內接受培訓____課時以上		
	參加服務品質管理研討會	至少參加___次		

2	
	(2)與目前職位要求相比的能力素質差異
	(3)能力素質提升計劃

(二)客戶服務品質主管績效考核表

績效考核表是對客戶服務品質主管在某一考核週期內的工作進行全面評估的工具，評估內容包括主要工作完成情況、工作能力和工作態度 3 個方面。具體內容見表 7-4。

表 7-4　客戶服務品質主管績效考核表

員工姓名：________　職　　位：________

部　　門：________　地　　點：________

評估期限：自____年___月___日至____年___月___日

1.主要工作完成情況

序號	主要工作內容	考核內容	目標完成情況	考核分數	
				分值	考核得分
1	客戶服務品質的檢查和監督工作，並定期組織編制《服務品質分析報告》	《服務品質分析報告》提交的及時率			
2	負責組織相關人員編寫《客戶服務品質體系文件》	服務品質體系審核一次性通過率			
3	負責開展客戶滿意度調查工作，並提交《客戶滿意度調查報告》	《客戶滿意度調查報告》提交的及時率			
4	服務品質改善方案的制定	服務品質改善方案的一次性通過率			

2.工作能力

考核項目	考核內容	分值	考核得分		
			自評	考核人	考核得分
監控能力	能夠通過有效的方法或手段掌握客戶服務人員的服務品質				
學習能力	善於尋找和利用學習資源，掌握有效的學習方法有計劃的學習				

續表

關注細節能力	能夠關注服務和細節且能深入瞭解產品技術方面的關鍵細節，以確保客戶服務的盡善盡美				

3.**工作態度**

考核項目	考核內容	分值	考核得分		
			自評	考核人	考核得分
責任感	工作中認真負責，能夠主動承擔責任，能夠承受工作壓力				
積極性	工作中積極主動，有時間意識，能夠準確、及時地完成工作任務				

請把您認爲合適的數值塡寫在相應方格內，如塗改，請塗改者在塗改處簽字，評後準時送交人力資源部。

被考核者(自評人)簽名：　　　　　　直接上級簽名：

三、績效考核細則

表 7-5　績效考核細則

考核細則	客戶服務品質主管績效考核實施細則			受控狀態	
				編　　號	
執行部門		監督部門		考證部門	

一、總則

1.爲評估和提升客戶服務品質主管的績效，增強企業活力，最終實現企業的經營目標，特制定此細則。

2.爲公司對客戶服務品質主管作出薪資調整、職務晉升、降級、辭退、培訓等決策提供依據。

續表

二、考核內容和指標

對客戶服務品質主管的工作業績進行考核時，應從工作成果和工作效率這 2 方面進行，具體內容如下表所示。

客戶服務品質主管工作業績考核表

考核內容	考核指標	權重	說　明	得分
工作成果	服務品質分析報告	20%	1.該指標是對客戶服務品質主管的服務品質和水準進行客觀評估後的工作成果 2.考核時可先從報告的完整性、客觀性、有效性等方面設定具體的考評標準，然後由考核者進行評分	
	客戶滿意度調查報告	15%	1.該指標是客戶滿意度調查活動的工作成果，從客戶角度來評估客服人員的服務品質 2.考核時可從客戶滿意度調查問卷的設計、調查活動的開展和報告的品質這 3 個方面進行評估	
	服務品質改善方案	15%	1.該指標反應客戶服務品質主管對客戶服務品質管理工作的整體把握情況，是不斷提升客戶服務品質和水準的有效措施 2.考核時可從改善方案的合理性、可行性和有效性 3 個方面進行評估	
	服務品質體系認證	15%	該指標從整體上反映了服務品質監督工作的效果，也反映了服務品質文件編制的效果	
工作效率	服務品質分析報告提交及時率	15%	1.目標值＝服務品質分析報告提交及時數÷服務品質分析報告提交總數×100% 2.目標值爲___%，每差___%，扣___分，低於___%的，得 0 分	

續表

工作效率	客戶滿意度報告提交及時率	10%	1.目標值＝客戶滿意度報告提交及時數÷客戶滿意報告提交總數×100% 2.目標值爲___%，每差___%，扣___分，低於___%的，得0分	
	服務品質改善方案提交及時率	10%	1.目標值＝服務品質改善方案提交及時數÷服務品質改善方案提交總數×100% 2.目標值爲___%，每差___%，扣___分，低於___%的，得0分	

三、考核結果運用

1.月考核的結果，主要用於客戶服務品質主管月績效工資的發放。

2.年度考核的結果，主要用於客戶服務品質主管職務調整、獎金分配與培訓的安排。

編制日期		審核日期		批准日期	
修改標記		修改處數		修改日期	

心得欄 ------------------------------------

第三節　客戶服務品質監控專員

一、關鍵業績指標

1.主要工作

⑴貫徹落實客戶服務的各項服務品質標準和服務流程規範。

⑵負責對客服人員的服務品質進行跟蹤和檢查，並按時填制《客戶服務品質報表》。

⑶根據客服業務和客戶需求的變化，不斷提出客戶服務品質改善建議，促進服務品質的提高。

⑷進行定期或不定期的客戶回訪，以檢查客服人員的服務品質，並填寫《客戶回訪記錄》。

⑸參與客戶滿意度調查活動，並及時彙報客戶對服務品質的滿意度情況。

⑹收集和整理客戶服務品質的相關信息和資料，及時歸檔。

⑺完成上級交辦的其他任務。

2.關鍵業績指標

⑴服務品質報表提交及時率。

⑵服務品質改善建議被採納的次數。

⑶客戶回訪率。

⑷信息資料歸檔及時率。

二、考核指標設計

(一)客戶服務品質監控專員目標管理卡

採用目標管理卡對客戶服務品質監控專員的績效進行考核。客戶服務品質監控專員可以根據上期目標進行自我評價，再結合直屬主管的評價設定下期目標。具體內容見表 7-6。

表 7-6 客戶服務品質監控專員目標管理卡

<table>
<tr><td>考核期限</td><td></td><td>姓　　名</td><td></td><td>職　　位</td><td></td><td>員工簽字</td><td></td></tr>
<tr><td>實施時間</td><td></td><td>部　　門</td><td></td><td>負 責 人</td><td></td><td>主管簽字</td><td></td></tr>
</table>

<table>
<tr><td colspan="5">1.上期實績自我評價(目標執行人記錄後交直屬主管評價)</td><td rowspan="9">1 ⇒</td><td>2.直屬主管評價</td></tr>
<tr><td colspan="3">相對於目標的實際完成程度</td><td>自我評分</td><td>主管評分</td><td>(1)目標實際達成情況</td></tr>
<tr><td colspan="3">服務品質分析報表填制不及時的次數爲___次，與目標相比，超出(相差)___次</td><td></td><td></td><td rowspan="4"></td></tr>
<tr><td colspan="3">服務品質改善建議被採納的次數達___次，與目標相比，超出(相差)___%</td><td></td><td></td></tr>
<tr><td colspan="3">考核期內客戶回訪率達到___%，與目標相比，超出(相差)___%</td><td></td><td></td></tr>
<tr><td colspan="3">信息資料歸檔及時率達___%，高(低)於目標___%</td><td></td><td></td></tr>
<tr><td colspan="5">3.下期目標設定(與直屬主管討論後記入)</td><td rowspan="2">(2)與目前職位要求相比的能力素質差異</td></tr>
<tr><td colspan="2">項　　目</td><td>計劃目標</td><td>完成時間</td><td>權重</td></tr>
<tr><td>工作目標</td><td>服務品質報表填制及時率</td><td>達到 100%</td><td></td><td></td><td></td></tr>
</table>

續表

工作目標	服務品質改善建議被採納的次數	達到___次				
	客戶回訪率	達到___%				
	信息資料歸檔及時率	在___%以上			⇐2	(3)能力素質提升計劃
個人發展目標	利用業餘時間參加培訓的時數	___小時以上				
	閱讀與本職工作有關的專業書籍的數量	___本/月				

(二)客戶服務品質監控專員績效考核表

客戶服務品質監控專員的績效考核表可以對其主要工作完成情況、工作能力和工作態度進行全面的考核，具體內容如表 7-7 所示。

表 7-7　客戶服務品質監控專員績效考核表

員工姓名：____________　職　　位：____________

部　　門：____________　地　　點：____________

評估期限：自_____年___月___日至_____年___月___日

1.主要工作完成情況

序號	主要工作內容	考核內容	目標完成情況	考核分數	
				分值	考核得分
1	跟蹤與檢驗客戶服務人員工作，填制《服務品質報表》	服務品質報表填制及時率			
2	服務品質改善建議的提出	服務品質改善建議被採納的次數			

續表

3	進行定期或不定期的客戶回訪，以檢查客服人員的服務品質	客戶回訪率			
4	信息資料的歸檔	信息資料歸檔及時率			

2.工作能力

考核項目	考核內容	分值	考核得分		
			自評	考核人	考核得分
學習能力	在發展自己的專業或職業知識的同時，能夠與他人分享工作經驗				
邏輯分析能力	能夠從多角度、多層次對客戶服務活動進行分析，找出服務品質問題的關鍵點和不同問題的相關性				
關注細節能力	關注客戶服務品質管理過程中的每一個細節				

3.工作態度

考核項目	考核內容	分值	考核得分		
			自評	考核人	考核得分
紀律性	嚴格遵守規章制度，嚴於職責，堅守崗位				
積極性	認真做好分內的工作，並不斷學習專業知識				

請把您認爲合適的數值填寫在相應方格內，如塗改，請塗改者在塗改處簽字，評後準時送交人力資源部。

被考核者（自評人）簽名：　　　　　直接上級簽名：

三、績效考核細則

表 7-8　績效考核細則

考核細則	客戶服務品質監控專員 績效考核實施細則			受控狀態	
				編　號	
執行部門		監督部門		考證部門	

一、總則

爲了對客戶服務品質監控專員的工作業績、工作能力和工作態度進行科學合理的考評，對其進行有效激勵，特制定本考核實施細則。

二、考核週期

1.月考核，對當月的工作表現進行考核，考核實施時間爲下月的___日～___日，遇節假日順延。

2.年度考核，考核期爲當年 1 月至 12 月，考核實施時間爲下一年度 1 月的___日～___日。

三、考核內容

1.工作業績考核(權重：50%)。

工作業績考核表

考核指標	權重	評分標準	得分
服務品質報表填制不及時的次數	15%	1.塡制不及時 1 次，扣___分 2.服務品質報表塡制錯誤 1 次或與事實不符的，扣___分	
服務品質改善建議被採納的次數	10%	1.服務品質改善建議被採納的次數達___次，低於次的，扣___分 2.提出的建議沒有被採納的，此項得分爲 0	

續表

客戶回訪記錄的準確、完整性	10%	1.客戶回訪記錄每缺失 1 條，扣___分 2.客戶回訪記錄每出現 1 次差錯或與事實不符，扣___分	
信息資料歸檔及時率	15%	1.目標值＝信息資料歸檔及時數÷需歸檔的信息資料總數×100% 2.目標值爲___%。每差___%，扣___分；低於___%，得 0 分	

2.工作能力考核(權重：30%)。

工作能力考核表

考核指標	評分等級					得分
	優秀(10 分)	好(8 分)	合格(6 分)	需改進(4 分)	差(2 分)	
學習能力	較快地掌握新領域的知識，並能應用與實踐	快速掌握基礎知識，並積極學習新領域知識	有較強的學習慾望，能快速掌握知識	有一定的學習欲，但不能掌握快速學習方法	缺乏主動學習的慾望，不能快速掌握知識	
邏輯分析能力	有很強的邏輯推理能力，能全面分析各種複雜問題	有一定的邏輯推理能力，基本能分析出各種複雜問題	邏輯推理能力一般，能夠分析一般性問題	邏輯推理能力較弱，能分析較簡單的問題	缺乏邏輯推理能力，不會分析問題	
關注細節能力	密切關注工作中的細節問題，並能對細節問題做出較大改進	較多的關注工作中的細節問題，並對細節做出一定的改進	能關注到工作中的細節問題，但無法提出改進建議	很少關注工作中的細節問題	工作粗心大意，從不關注細節問題	

續表

3.工作態度考核(權重：20%)。

工作態度考核表

考核指標	評分等級					得分
	優秀(10分)	好(8分)	合格(6分)	需改進(4分)	差(2分)	
紀律性	從不遲到、早退且經常加班加點	因特殊原因極少數情況下遲到、早退	自覺遵守公司的各項規章制度	較少遲到、早退	遲到、早退的頻率較高	
積極性	積極主動，時間意識很強，能夠準確及時完成任務	相當積極，盡一切努力完成工作	還算積極，努力想完成工作	不太積極，需要督促才能完成工作	工作懈怠，經常不能完成工作任務	

四、考核結果運用

根據公司相關制度規定，結合客戶服務品質監控專員的考核得分，對其給予一定的薪酬和培訓激勵。

編制日期		審核日期		批准日期	
修改標記		修改處數		修改日期	

心得欄 ------------------------------

第 8 章

呼叫中心各崗位

第一節　呼叫中心經理

一、關鍵業績指標

1.主要工作

⑴制定呼叫中心各項規章制度、品質標準等，完成呼叫中心管理體系的建設工作。

⑵負責呼叫中心的日常管理、運營，帶領團隊成員完成工作指標。

⑶負責定期或不定期組織相關人員做好呼叫服務市場的調研工作，並撰寫分析報告。

⑷策劃、設計呼叫中心業務執行方案，並撰寫創意提案。

⑸對系統數據進行分析評估，密切關注客戶需求變化，建立並維繫良好的客戶關係管理。

⑹合理調配座席資源，優化呼叫中心運營流程。

⑺負責整個呼叫中心的崗位設置、人員培訓、績效考核及業務指導工作。

⑻完成上級臨時交辦的工作。

2.關鍵業績指標

⑴呼叫中心運營計劃完成率。

⑵呼叫中心運營費用的控制情況。

⑶運營情況分析報告提交的及時率。

⑷客戶滿意率。

二、考核指標設計

呼叫中心經理的主要職責是建立、維護和改進呼叫中心管理系統，以達成呼叫中心的總體運營績效目標，其考核指標設計如表 8-1 所示。

表 8-1　呼叫中心經理考核指標設計表

被考核者			考核者		
部門			職位		
考核期限			考核日期		
關鍵績效指標		權重	績效目標值	考核得分	
				指標得分	加權得分
財務類	呼叫中心運營費用控制	15%	考核期內，呼叫中心運營費用控制在預算範圍內		

續表

財務類	呼叫中心管理費用降低率	10%	考核期內，呼叫中心管理費用比上年同期降低率達___%		
運營類	呼叫中心運營計劃完成率	25%	考核期內，呼叫中心運營計劃按時完成率到___%		
	客戶調研計劃完成率	5%	考核期內，客戶調研計劃完成率達到___%		
	呼叫中心服務流程改進目標完成率	10%	考核期內，呼叫中心服務流程改進目標完成率達到___%		
	呼叫中心運營情況分析報告提交及時率	5%	考核期內，呼叫中心運營情況分析報告提交的及時率達到 100%		
客戶類	客戶滿意率	10%	考核期內，客戶滿意率達到___%以上		
	大客戶流失數	5%	考核期內，因客戶服務原因造成大客戶流失的數量在___以下		
	客戶有效投訴的次數	5%	考核期內，客戶有效投訴的次數控制在___次以下		
學習發展類	員工培訓計劃完成率	5%	考核期內，員工培訓計劃完成率達到___%		
	核心員工流失率	5%	考核期內，部門核心員工流失率在___%以下		
合計					
被考核者		考核者		覆核者	
簽字：	日期：	簽字：	日期：	簽字：	日期：

三、績效考核細則

表 8-2　績效考核細則

文本名稱	呼出型呼叫中心經理目標責任書	受控狀態	
		編　號	

一、基本信息

部門：________　姓名：________　出生年月：________

職務：________　聘任期：自____年__月__日到____年__月__日

二、主要職責範圍

1.呼叫中心運營計劃的制訂與實施。

2.呼叫中心內部運營費用的控制。

3.呼叫中心內部服務標準的執行監督。

4.呼叫中心突發事件的處理等。

三、主要責任目標

1.運營指標。

⑴銷售額：___年度實現銷售額___萬元。

⑵平均客戶盈餘：___年度客戶平均盈餘爲___萬元。

⑶呼叫中心運營費用：___年度呼叫中心運營費用___萬元。

⑷大客戶開發：___年度開發大客戶___個。

2.部門管理指標。

⑴按照公司各項管理制度要求，對本呼叫中心內所有員工(包括全職及兼職)進行管理，配合人力資源部對違反規定的員工進行相應處罰。

⑵根據呼叫中心工作的實際需要制定或改進呼叫服務流程，不斷改進呼叫中心服務水準。

四、薪酬標準

1.呼叫中心經理年薪爲___萬元(年薪＝固定薪酬×65%＋浮動薪酬×35%)。

續表

2.每月固定發放薪水____元；每月浮動部份爲____元～____元，根據月 KPI 打分確定發放額度，並於當月發放。

3.績效獎勵，每半年根據半年考核的常規 KPI 指標表對呼叫中心經理進行考核，根據考核結果發放績效獎勵。

五、簽字

本人確認履行上述崗位職責，並努力實現上述工作目標。

簽名：______年____月____日

本公司認可上述職責和工作目標符合公司發展戰略。

簽名：______年____月____日

相關說明					
編制人員		審核人員		批准人員	
編制日期		審核日期		批准日期	

心得欄 ------------------------------------

第二節　座席主管

一、關鍵業績指標

1.主要工作

⑴負責呼叫中心座席日常管理，保證工作的正常執行。

⑵制訂人力安排計劃，合理調配呼叫中心人力資源。

⑶收集、整理、分析呼叫中心的日常運營數據，並提交相關業績報告。

⑷幫助相關人員做好現有作業系統的評估與改進工作。

⑸參與呼叫中心服務品質基準的制定與改進工作。

⑹對呼叫中心座席員的服務品質進行監控，並及時糾正其不合格行爲。

⑺負責處理呼叫中心突發事件的處理工作。

⑻負責配合人力資源部完成對座席員的評價工作。

⑼完成上級臨時交辦的工作。

2.關鍵業績指標

⑴呼叫中心業務計劃完成率。

⑵座席員通話利用率。

⑶客戶滿意度。

⑷呼叫一次性解決率。

⑸下屬員工平均通話時長。

二、考核指標設計

(一)座席主管目標管理卡

建立座席主管目標管理卡的目的是爲了總結上期工作的完成情況，並分析出效果達成的原因，爲下期工作目標的設定提供依據。

表 8-3　座席主管目標管理卡

<table>
<tr><td>考核期限</td><td></td><td>姓　　名</td><td></td><td>職　　位</td><td></td><td>員工簽字</td><td></td></tr>
<tr><td>實施時間</td><td></td><td>部　　門</td><td></td><td>負 責 人</td><td></td><td>經理簽字</td><td></td></tr>
<tr><td colspan="5">1.上期實績自我評價(目標執行人記錄後交直屬經理評價)</td><td rowspan="10">1</td><td colspan="2">2.直屬經理評價</td></tr>
<tr><td colspan="3">相對於目標的實際完成程度</td><td>自我評分</td><td>經理評分</td><td colspan="2">(1)目標實際達成情況</td></tr>
<tr><td colspan="3">呼叫中心業務計劃完成率達___%，比目標要求高(低)___%</td><td></td><td></td><td colspan="2" rowspan="4"></td></tr>
<tr><td colspan="3">座席員通話利用率達___%，比行業平均水準高(低)___%</td><td></td><td></td></tr>
<tr><td colspan="3">客戶滿意度評分達___分，比目標值提高(下降)___分</td><td></td><td></td></tr>
<tr><td colspan="3">呼叫一次性解決率達___%，比行業平均水準高(低)___%</td><td></td><td></td></tr>
<tr><td colspan="5">3.下期目標設定(與直屬經理討論後記入)</td><td colspan="2" rowspan="2">(2)與目前職位要求相比的能力素質差異</td></tr>
<tr><td colspan="2">項　　目</td><td>計劃目標</td><td>完成時間</td><td>權重</td></tr>
<tr><td rowspan="2">工作目標</td><td>完成呼叫中心業務計劃</td><td>達___%</td><td></td><td></td><td colspan="2" rowspan="2"></td></tr>
<tr><td>提高座席員通話利用率</td><td>達___%</td><td></td><td></td></tr>
</table>

續表

工作目標	提升客戶滿意度	達___分			2	(3)能力素質提升計劃
	強化呼叫一次性解決率	達___%				
個人發展目標	參加人力資源部組織的客戶服務培訓	不少於___課時				
	參加呼叫中心管理人員職業資格認證培訓	獲得職業資格證書				

(二)座席主管績效考核表

座席主管績效考核表的主要內容是記錄考核目標的完成情況，分爲主要工作完成情況、工作能力、工作態度 3 個部份，具體內容如表 8-4 所示。

表 8-4　座席主管績效考核表

員工姓名：________________　職　　位：________________

部　　門：________________　地　　點：________________

評估期限：自______年___月___日至______年___月___日

1.主要工作完成情況

序號	主要工作內容	考核內容	目標完成情況	考核分數	
				分值	考核得分
1	負責呼叫中心座席的日常管理工作，確保運行的正常、高效	呼叫中心業務計劃完成率			
2	負責人力資源的調配，合理安排座席工作	座席員通話利用率			
3	努力提高座席員服務水準和工作能力，提升客戶滿意度	客戶滿意度			
		呼叫一次性解決率			

2.工作能力

考核項目	考核內容	分值	考核得分		
			自評	考核人	考核得分
溝通能力	1.是否能保持溝通時語言清晰、簡潔、客觀，且切中要害 2.是否能夠尊重他人，在傾聽他人意見、觀點的同時能適時地給予回饋				
監控能力	1.能對被監控對象的工作進行及時覆查，控制關鍵，掌握主動 2.是否能根據員工個人情況的差異，合理調配工作，高效完成任務，實現最佳業績				

3.工作態度

考核項目	考核內容	分值	考核得分		
			自評	考核人	考核得分
忠誠度	是否忠於組織、忠於團隊。在不違背道德和法律的前提下，處理一切事務的原則以組織利益為先				
敬業精神	是否熱愛本行業、本崗位工作，在工作中從不拈輕怕重，不懼高壓，敢於主動承擔重任				

請把您認為合適的數值填寫在相應方格內，如塗改，請塗改者在塗改處簽字，評後準時送交人力資源部。

被考核者(自評人)簽名：　　　　直接上級簽名：

三、績效考核細則

表 8-5　績效考核細則

<table>
<tr><td rowspan="2">考核細則</td><td colspan="3" rowspan="2">座席主管績效考核實施細則</td><td>受控狀態</td><td></td></tr>
<tr><td>編　　號</td><td></td></tr>
<tr><td>執行部門</td><td></td><td>監督部門</td><td></td><td>考證部門</td><td></td></tr>
<tr><td colspan="6">

一、總則

1.爲更好地掌握座席主管崗位任職人員的工作效果，給薪酬變動、職位晉升、崗位調整提供參考依據，特制定此考核細則。

2.考核實施原則。

(1)力求公正、客觀，絕不允許徇私舞弊的情況出現。

(2)考核程序透明，考核成績有限度的公開。

3.考核頻率。

(1)月考核，考核當月的工作績效。

(2)年考核，考核全年的工作情況（考核成績爲全年 12 個月的績效考核平均值）。

二、指標設定

根據座席主管的工作內容和任務要求設定績效考核指標，具體如下。

座席主管績效考核指標表

</td></tr>
</table>

指　標	目標值	評分辦法
業務計劃完成率	100%得到完善	滿分 30 分，達到目標值得滿分； 以下項目需要按照計劃維護、完善，任何 1 項沒有達到要求，此項考核得 10 分；2 項或 2 項以上此項得分爲 0 分。呼叫回覆系統的完善、自動台服務評估與項目的增設、限制呼叫制度的完善及語音辨認軟體的升級情況

續表

服務水準提升目標達成率	100%達成目標	滿分10分，達到目標值得滿分。達成率在___%～___%之間，得 8 分；達成率在___%～___%之間，得 5 分；達成率在___%～___%之間，得 2 分；達成率低於___%，此項得分為 0
客戶評價滿意率	達到___%	滿分30分，達到目標值得滿分。客戶通話後的滿意調查，滿意率在___%～___%之間，相對於目標值每相差___%扣 1 分；滿意率在___%～___%之間，相對於目標值每相差___%扣 2 分；客戶評價滿意率低於___%此項得分為 0
呼叫問題一次性解決率	不低於__%	滿分10分，達到目標值得滿分。每降低___%扣___分，低於___%此項得分為 0
座席員通話利用率	達到___%	滿分20分，達到標準得滿分。利用率在___%～___%之間，相對於目標值每相差___%扣 1 分；利用率在___%～___%之間，相對於目標值每相差___%扣 2 分；座席員通話利用率低於___%，此項得 0 分
座席員平均通話時間	―	考核基準分為 0，如果座席員平均通話時間超過___小時，每超出___小時加___分，加分無上限

三、結果運用

1.與工資掛鈎。

座席主管月工資＝基本工資＋績效工資。

基本工資額度為___元，績效工資＝績效工資基數×考核得分係數，考核等級與考核得分係數的對應情況見下表。

A 等級	1.2	B 等級	1.0
C 等級	0.8	D 等級	0

2.作為年終評先進、年終獎發放的參考依據。

續表

3.作爲人員晉升、崗位調動的參考依據。

四、附則

1.本細則由人力資源部編制，總經理核准後生效，修訂時亦同。

2.本細則自___年___月___日起執行，以前相關制度同時廢止。

編制日期		審核日期		批准日期	
修改標記		修改處數		修改日期	

心得欄 ------------------------------------

第三節 服務培訓主管

一、關鍵業績指標

1.主要工作

⑴建立呼叫中心服務培訓體系和培訓制度，報上級審核後實施。

⑵定期對呼叫中心服務人員進行培訓需求調查，收集、匯總並分析培訓需求信息。

⑶擬定定期或不定期的呼叫中心培訓計劃，並負責實施。

⑷根據培訓計劃，組織各項培訓活動，並安排呼叫中心服務人員按時參加培訓。

⑸呼叫中心部份培訓課程的設計和講授，並不斷完善呼叫中心服務人員的崗位培訓課程體系。

⑹負責與企業外部培訓機構及培訓講師的聯繫工作，並安排相關培訓事宜。

⑺對服務培訓效果進行評估，編寫《培訓效果評估報告》。

⑻搜集和整理各種培訓教材和資料，並及時歸檔。

⑼負責建立學員培訓檔案，並進行維護和管理。

2.關鍵業績指標

⑴培訓計劃完成率。

⑵培訓人次完成率。

⑶培訓考核達成率。

⑷學員滿意度。

⑸培訓效果評估報告提交及時率。

⑹學員培訓檔案歸檔及時率。

二、考核指標設計

(一)服務培訓主管目標管理卡

目標管理卡是對服務培訓主管上期工作的實際完成情況和下期工作的預計目標進行記錄的表單。具體見表 8-6 所示。

表 8-6　服務培訓主管目標管理卡

<table>
<tr><td>考核期限</td><td></td><td>姓　　名</td><td></td><td>職　　位</td><td></td><td>員工簽字</td><td></td></tr>
<tr><td>實施時間</td><td></td><td>部　　門</td><td></td><td>負 責 人</td><td></td><td>經理簽字</td><td></td></tr>
<tr><td colspan="6">1.上期實績自我評價(目標執行人記錄後交直屬經理評價)</td><td rowspan="7">1 ⇨</td><td>2.直屬經理評價</td></tr>
<tr><td colspan="4">相對於目標的實際完成程度</td><td>自我評分</td><td>經理評分</td><td>⑴目標實際達成情況</td></tr>
<tr><td colspan="4">培訓計劃完成率達___%，高(低)於目標___%</td><td></td><td></td><td rowspan="5"></td></tr>
<tr><td colspan="4">培訓人次完成率達___%，高(低)於目標___%</td><td></td><td></td></tr>
<tr><td colspan="4">培訓考核達成率達___%，高(低)於目標___%</td><td></td><td></td></tr>
<tr><td colspan="4">學員滿意度評分在___分以上，與目標相比，提高(降低)___分</td><td></td><td></td></tr>
<tr><td colspan="4">培訓效果評估報告提交及時率爲___%，比目標提高(降低)___%</td><td></td><td></td></tr>
</table>

續表

<table>
<tr><td colspan="3">學員培訓檔案歸檔及時率爲___%，比目標提高(降低)___%</td><td></td><td></td><td rowspan="13">2</td><td></td></tr>
<tr><td colspan="5">3.下期目標設定(與直屬經理討論後記入)</td><td rowspan="2">(2)與目前職位要求相比的能力素質差異</td></tr>
<tr><td colspan="2">項目</td><td>計劃目標</td><td>完成時間</td><td>權重</td></tr>
<tr><td rowspan="6">工作目標</td><td>培訓計劃完成率</td><td>達到100%</td><td></td><td></td><td rowspan="4"></td></tr>
<tr><td>培訓人次完成率</td><td>達到___%</td><td></td><td></td></tr>
<tr><td>培訓考核達成率</td><td>達到___%</td><td></td><td></td></tr>
<tr><td>學員滿意度</td><td>在___分以上</td><td></td><td></td></tr>
<tr><td>培訓效果評估報告提交的及時率</td><td>在___%以上</td><td></td><td></td><td>(3)能力素質提升計劃</td></tr>
<tr><td>學員培訓檔案歸檔的及時率</td><td>在___%以上</td><td></td><td></td><td rowspan="4"></td></tr>
<tr><td rowspan="3">個人發展目標</td><td>參加課件製作技巧培訓</td><td>參加___次/每年</td><td></td><td></td></tr>
<tr><td>參加演講技巧培訓</td><td>參加___次/每年</td><td></td><td></td></tr>
<tr><td>參加溝通技巧培訓</td><td>參加___次/每年</td><td></td><td></td></tr>
</table>

(二)服務培訓主管績效考核表

績效考核表是從主要工作完成情況、工作能力和工作態度 3 個方面對服務培訓主管在考核週期內的工作表現進行全面、客觀的評估。具體內容如表 8-7 所示。

表 8-7　服務培訓主管績效考核表

員工姓名：＿＿＿＿＿＿＿＿　職　　位：＿＿＿＿＿＿＿＿

部　　門：＿＿＿＿＿＿＿＿　地　　點：＿＿＿＿＿＿＿＿

評估期限：自＿＿＿年＿＿月＿＿日至＿＿＿年＿＿月＿＿日

1.主要工作完成情況

序號	主要工作內容	考核內容	目標完成情況	考核分數	
				分值	考核得分
1	呼叫中心培訓計劃的擬訂	培訓計劃完成率			
2	各項培訓活動的組織與安排	培訓人次完成率			
3	培訓課程的設計與講授	培訓考核達成率 學員滿意度			
4	服務培訓效果的評估	培訓效果評估報告提交及時率			
5	學員培訓檔案的建立與管理	學員培訓檔案歸檔及時率			

2.工作能力

考核項目	考核內容	分值	考核得分		
			自評	考核人	考核得分
創新能力	是否擅長借用其他領域的方法創立或引進新的觀念或程序，參照系統以外的觀點與方式在培訓工作中進行創新				
自控能力	能否克制由工作的單調性、重覆性所帶來的厭煩情緒，並不斷地進行自我調節，以保持工作熱情				
協調能力	是否能夠獲得團隊內、外有關人員對培訓工作的支持和承諾，並動員大家採取一致行動				

3.工作態度

考核項目	考核內容	分值	考核得分		
			自評	考核人	考核得分
責任心	以提高客服人員服務品質和服務水準爲己任，自覺履行服務培訓職責，積極承擔工作責任				
主動性	1.能否不斷地去深入瞭解員工的培訓需求，並根據需求開設合理的培訓課程 2.能否在工作各個方面主動爲自己設立較高的標準，並努力去實現				

請把您認爲合適的數值填寫在相應方格內，如塗改，請塗改者在塗改處簽字，評後準時送交人力資源部。

被考核者(自評人)簽名：　　　　　　直接上級簽名：

心得欄 ______________________________

三、績效考核細則

表 8-8　績效考核細則

考核細則	服務培訓主管績效考核實施細則			受控狀態	
				編　號	
執行部門		監督部門		考證部門	

一、總則

1.爲提升服務培訓主管的工作熱情，客觀的評價其工作表現和能力，營造公平、公開、公正的競爭機制，挖掘其潛能，特制定本考核細則。

2.原則。

⑴公平、公開原則。

⑵定量結合定性原則。

⑶百分制原則。

3.頻率。

每季進行一次季考核，每年進行一次年終考核。

二、考核細則

1.定量指標(80%)，如下表所示。

服務培訓主管定量考核指標及相關定義列表

關鍵績效指標	目標值	指標定義/公式	權重	信息來源
業務技能提升率	達到____%	(年末技能評估得分－年初技能評估得分)÷年初技能評估得分×100%	30%	技能評估報告
員工參加的培訓時間總數	____小時	員工參加的培訓時間總數	10%	培訓記錄
員工對培訓安排的滿意度	____分	員工對培訓安排的滿意度評分平均值	10%	員工滿意度問卷調查結果

續表

培訓組織和課程的滿意度	___分	員工對培訓組織和課程的滿意度評分平均值	20%	培訓滿意度調研
培訓費用的使用額	低於預算	呼叫中心培訓費用的使用總額	10%	財務部門提供數據

2.定性指標(20%)。

⑴培訓制度建設情況(權重：10%)。

①工作目標：建立健全呼叫中心的培訓流程和培訓制度，保證培訓制度 100%的執行。

②達成目標的關鍵因素：建立座席人員標準用語的培訓流程，並監督執行。

⑵培訓資料、檔案管理情況(權重：10%)。

①工作目標：達到培訓資料分類明確，歸檔及時，檔案 100%的完整。

②達成目標的關鍵因素：資料無遺失、損壞。

三、結果運用

1.季績效工資獎金。

根據考核得分，將考核結果分級，不同的考核結果對應不同的季績效獎金。

A 等級(90～100 分)獎金金額____～____元。

B 等級(70～89 分)獎金金額____～____元。

C 等級(60～69 分)獎金金額____～____元。

D 等級(60 分以下)獎金金額 0 元。

2.考核結果用作次年公費學習、公費旅遊等獎勵的主要依據。

3.考核結果記入個人檔案，用作崗位調整的參考。

四、附則

1.本辦法自發佈之日起開始執行。

2.本辦法的解釋權歸人力資源部。

編制日期		審核日期		批准日期	
修改標記		修改處數		修改日期	

第四節　品質保證主管

一、關鍵業績指標

1.主要工作

⑴建立並完善呼叫中心品質保證標準和制度，規範呼叫中心服務流程。

⑵建立並維護呼叫中心品質監控系統，對電話服務進行品質保證和控制。

⑶組織相關人員監控呼叫中心座席員的通話及操作品質，並及時進行輔導指正。

⑷指導品質監控人員填制《服務品質監控記錄》，並定期編制《服務品質監控報告》。

⑸總結、分析呼叫中心運營數據，及時對客服人員的工作表現進行評估和回饋，並制定《服務品質改善方案》。

⑹組織相關人員定期對客戶進行回訪，以評價客戶對呼叫中心服務工作的滿意度。

⑺負責處理客戶抱怨、投訴問題，並進行回饋、跟蹤，維護客戶關係。

⑻完成上級臨時交辦的工作。

2.關鍵業績指標

⑴服務品質監控報告編制及時率。

⑵服務品質改善方案的一次性通過率。

⑶監控記錄的準確、完整性。

⑷客戶回訪率。

⑸客戶投訴處理及時率。

二、考核指標設計

(一)品質保證主管目標管理卡

採用目標管理卡對品質保證主管的工作績效進行考核時，目標管理卡中應包括上期實績自我評價、直屬經理評價和下期目標設定 3 個方面的內容。具體如表 8-9 所示。

表 8-9　品質保證主管目標管理卡

<table>
<tr><td>考核期限</td><td></td><td>姓　　名</td><td></td><td>職　　位</td><td></td><td>員工簽字</td><td></td></tr>
<tr><td>實施時間</td><td></td><td>部　　門</td><td></td><td>負 責 人</td><td></td><td>經理簽字</td><td></td></tr>
<tr><td colspan="6">1.上期實績自我評價（目標執行人記錄後交直屬經理評價）</td><td rowspan="7">1</td><td>2.直屬經理評價</td></tr>
<tr><td colspan="4">相對於目標的實際完成程度</td><td>自我評分</td><td>經理評分</td><td>⑴目標實際達成情況</td></tr>
<tr><td colspan="4">服務品質監控報告編制及時率達___%，與目標相比，超出（相差）___%</td><td></td><td></td><td rowspan="4"></td></tr>
<tr><td colspan="4">服務品質改善方案一次性通過率達___%，與目標相比，超出（相差）___%</td><td></td><td></td></tr>
<tr><td colspan="4">服務品質監控記錄完整、準確無誤</td><td></td><td></td></tr>
<tr><td colspan="4">客戶回訪率達___%，高（低）於目標___%</td><td></td><td></td></tr>
</table>

續表

<table>
<tr><td colspan="3">客戶投訴回饋及時率達___%，高(低)於目標___%</td><td></td><td></td><td></td><td></td></tr>
<tr><td colspan="5">3.下期目標設定(與直屬經理討論後記入)</td><td rowspan="10">2</td><td rowspan="2">(2)與目前職位要求相比的能力素質差異</td></tr>
<tr><td colspan="2">項　目</td><td>計劃目標</td><td>完成時間</td><td>權重</td></tr>
<tr><td rowspan="5">工作目標</td><td>服務品質監控報告提交及時率</td><td>達到___%</td><td></td><td>15%</td><td rowspan="3"></td></tr>
<tr><td>服務品質改善方案的一次性通過率</td><td>達到___%</td><td></td><td>15%</td></tr>
<tr><td>監控記錄</td><td>準確完整</td><td></td><td>15%</td></tr>
<tr><td>客戶回訪率</td><td>在___%以上</td><td></td><td>15%</td><td>(3)能力素質提升計劃</td></tr>
<tr><td>客戶投訴處理及時率</td><td>在___%以上</td><td></td><td>20%</td><td rowspan="3"></td></tr>
<tr><td rowspan="2">個人發展目標</td><td>進修服務品質管理理論</td><td>自學___課程</td><td></td><td>10%</td></tr>
<tr><td>參加企業內部培訓</td><td>培訓考評成績為 A</td><td></td><td>10%</td></tr>
</table>

(二)品質保證主管考核表

對品質保證主管的績效考核應從主要工作完成情況、工作能力和工作態度 3 個方面來進行，績效考核表就是從這 3 個方面來對其績效進行全面考核的工具。具體內容如表 8-10 所示。

表 8-10　品質保證主管績效考核表

員工姓名：＿＿＿＿＿＿＿　職　　位：＿＿＿＿＿＿＿

部　　門：＿＿＿＿＿＿＿　地　　點：＿＿＿＿＿＿＿

評估期限：自＿＿年＿＿月＿＿日至＿＿年＿＿月＿＿日

1.**主要工作完成情況**

序號	主要工作內容	考核內容	目標完成情況	考核分數	
				分值	考核得分
1	品質保證標準和制度的制定	品質保證標準的科學、合理性品質保證制度的完善			
2	服務品質監控報告的編制	服務品質監控報告編制及時率			
3	服務品質改善方案的制定	服務品質改善方案的一次性通過率			
4	服務品質監控記錄的製作	監控記錄的準確、完整性			
5	客戶的定期回訪	客戶回訪率			
6	客戶抱怨、投訴的處理	客戶投訴處理及時率			

2.**工作能力**

考核項目	考核內容	分值	考核得分		
			自評	考核人	考核得分
監控能力	是否能夠對呼叫中心服務品質與理想情況進行比較，察覺不足，並對不足之處提出改進建議				
關注細節能力	工作作風是否嚴謹，能否關注呼叫中心服務過程的每一個細節				

3.工作態度

考核項目	考核內容	分值	考核得分		
			自評	考核人	考核得分
敬業精神	是否對自己在組織中所扮演的角色與承擔的職責有清晰的認識和強烈的使命感，能夠積極地將個人目標與工作職責有機地結合起來				
自律性	1.是否能夠抵制各種誘惑，在工作中堅持公正的原則 2.是否能夠在沒有監督的情況下嚴格要求自己，以精益求精的態度去完成工作				

請把您認為合適的數值填寫在相應方格內，如塗改，請塗改者在塗改處簽字，評後準時送交人力資源部。

被考核者(自評人)簽名：　　　　　　直接上級簽名：

心得欄 ------------------------------

三、績效考核細則

表 8-11 績效考核細則

考核細則	品質保證主管績效考核實施細則			受控狀態	
				編 號	
執行部門		監督部門		考證部門	

一、考核目的

掌握呼叫中心品質保證主管工作績效，客觀地評價其工作態度和能力，並通過考核結果的合理運用(獎懲或待遇調整、精神獎勵等)，營造一種激勵品質保證主管奮發向上的工作氣氛。

二、考核原則

1.考核不是爲了製造差距，而是實事求是地發現品質保證主管工作的長處、短處，以揚長避短。

2.考核應以規定的考核項目及其事實爲依據。

3.考核應以確認的事實或者可靠的材料爲依據。

4.考核自始至終應以公正爲原則，決不允許徇私舞弊。

三、考核頻率

季考核與年度考核相結合。

四、考核內容

品質保證主管工作開展的品質、頻率及效果

五、指標設定及考核辦法

考核實行百分制(總分 100)，各項考核內容的具體指標設定、指標分值及評分辦法如下。

1.工作品質指標，具體內容如下表所示。

續表

呼叫中心品質保證主管工作品質指標一覽表			
指　標	目標值	分值	評分標準
服務品質改善方案一次性通過率	達到___%	15分	達到標準得15分，超過標準酌情加分 一次性通過率在___%～___%之間，得10分 一次性通過率在___%～___%之間，得6分 一次性通過率低於___%得0分
座席標準服務糾錯準確率	達到100%	15分	達到標準得15分 每降___%減___分，低於___%此項得0分

2.工作頻率指標，具體內容如下表所示。

呼叫中心品質保證主管工作頻率指標一覽表			
指　標	目標值	分值	評分標準
電話撥測考核頻率	每月___次	15分	達到標準得15分 沒有按照計劃進行考核，該情況發現1次，此項得5分 沒有按照計劃進行考核，該情況發現2次，此項得0分
現場監督指導頻率	每月___次	15分	達到標準得15分 沒有按規定進行現場監督，該情況出現1次，此項得5分 沒有按規定進行現場監督，該情況出現2次，此項得0分

3.工作效果指標，具體內容如下表所示。

呼叫中心品質保證主管工作效果指標一覽表			
指　標	目標值	分值	評分標準
服務品質提升率	達到___%	15分	達到標準得15分，超過標準酌情加分 服務品質提升率不足___%，每低___%減1分

續表

服務品質提升率	達到___%	15分	服務品質提升率不足___%，每低___%減 2 分 服務品質提升率低於___%，此項得分爲 0
部門協作滿意度	達到___分	10分	達到標準得 10 分，超過標準酌情加分 滿意度評分在___～___分之間，此項得 8 分 滿意度評分在___～___分之間，此項得 6 分 滿意度評分在___～___分之間，此項得 4 分 滿意度評分在___～___分之間，此項得 2 分 滿意度評分低於___分，此項得分爲 0
客戶滿意度	達到___分	15分	達到標準得 15 分，超過標準酌情加分 客戶滿意度評分每低___分；考核評分減___分；低於___分此項得 0 分

六、結果運用

1.考核結果作爲晉升工資或項目結束時發放獎金的依據。

2.考核結果作爲晉升、調職、職稱評聘的依據。

3.作爲安排參加公費學習、培訓的依據。

編制日期		審核日期		批准日期	
修改標記		修改處數		修改日期	

第五節　技術支援主管

一、關鍵業績指標

1.主要工作

⑴制定本企業呼叫中心系統日常維護及作業操作規範，並監督實施。

⑵負責本企業呼叫中心平臺的搭建、調試和維護工作。

⑶建立健全呼叫中心運營數據庫，並對數據庫進行維護、管理和優化。

⑷記錄並分析呼叫中心系統的日常監控數據，提出技術改造方案和建議，不斷完善運營系統。

⑸負責呼叫中心軟硬體、服務器等系統設施的故障排查和協調處理工作。

⑹與外協公司、設備廠商保持友好合作關係，推進呼叫中心平臺系統的不斷更新和完善。

⑺配合服務培訓主管對客服人員進行技術方面的培訓工作。

⑻完成上級安排的臨時性工作。

2.關鍵業績指標

⑴系統建設或改造方案的一次性通過率。

⑵系統維護及時率。

(3)系統故障處理及時率。

(4)部門協作滿意度。

二、考核指標設計

(一)技術支援主管目標管理卡

目標管理卡既是技術支援主管進行自我控制、自我分析和自我糾正偏差的自我評估表單，也是呼叫中心經理對其工作績效進行監督檢查、實施控制的工具。具體如表 8-12 所示。

表 8-12　技術支援主管目標管理卡

<table>
<tr><td>考核期限</td><td></td><td>姓　　名</td><td></td><td>職　　位</td><td></td><td>員工簽字</td><td></td></tr>
<tr><td>實施時間</td><td></td><td>部　　門</td><td></td><td>負 責 人</td><td></td><td>經理簽字</td><td></td></tr>
<tr><td colspan="5">1.上期實績自我評價(目標執行人記錄後交直屬經理評價)</td><td rowspan="6">1⇨</td><td colspan="2">2.直屬經理評價</td></tr>
<tr><td colspan="3">相對於目標的實際完成程度</td><td>自我評分</td><td>經理評分</td><td colspan="2">(1)目標實際達成情況</td></tr>
<tr><td colspan="3">系統建設或改造方案一次性通過率達___%，比目標提高(降低)___%</td><td></td><td></td><td colspan="2" rowspan="4"></td></tr>
<tr><td colspan="3">系統維護及時率達___%，比目標提高(降低)___%</td><td></td><td></td></tr>
<tr><td colspan="3">技術故障處理及時率達___%，高(低)於目標___%</td><td></td><td></td></tr>
<tr><td colspan="3">相關部門對技術支持的滿意度評分在___分以上，比目標提高(降低)___分</td><td></td><td></td></tr>
</table>

續表

<table>
<tr><td colspan="5">3.下期目標設定(與直屬經理討論後記入)</td><td rowspan="8">

⇦2</td><td rowspan="2">(2)與目前職位要求相比的能力素質差異</td></tr>
<tr><td colspan="2">項　目</td><td>計劃目標</td><td>完成時間</td><td>權重</td></tr>
<tr><td rowspan="4">工作目標</td><td>系統建設或改造方案一次性通過率</td><td>達___%</td><td></td><td></td><td rowspan="3"></td></tr>
<tr><td>系統維護及時率</td><td>達___%</td><td></td><td></td></tr>
<tr><td>技術故障處理及時率</td><td>在___%以上</td><td></td><td></td></tr>
<tr><td>部門協作滿意度評分</td><td>在___分以上</td><td></td><td></td><td>(3)能力素質提升計劃</td></tr>
<tr><td rowspan="2">個人發展目標</td><td>參加呼叫中心技術培訓</td><td>不少於___課時</td><td></td><td></td><td rowspan="2"></td></tr>
<tr><td>參加呼叫中心管理培訓</td><td>不少於___課時</td><td></td><td></td></tr>
</table>

(二)技術支援主管考核表

對技術支援主管的考核從主要工作完成情況、工作能力和工作態度3個方面進行，對不同的考核項目設定不同的分值，由呼叫中心經理和技術支持主管分別進行評分。具體如表8-13所示。

表 8-13　技術支援主管考核表

員工姓名：＿＿＿＿＿＿＿＿　職　　位：＿＿＿＿＿＿＿＿

部　　門：＿＿＿＿＿＿＿＿　地　　點：＿＿＿＿＿＿＿＿

評估期限：自＿＿＿年＿＿月＿＿日至＿＿＿年＿＿月＿＿日

1.主要工作完成情況

序號	主要工作內容	考核內容	目標完成情況	考核分數	
				分值	考核得分
1	呼叫中心平臺系統的建設與維護	系統故障總時數 系統維護及時率			
2	系統建設或技術改造方案的制定	方案提交及時率 方案一次性通過率			
3	做好整個呼叫系統的技術支援工作	部門協作滿意度			
4	平臺系統的故障排查和處理	系統故障修復率 技術故障處理及時率			

2.工作能力

考核項目	考核內容	分值	考核得分		
			自評	考核人	考核得分
問題處理能力	通過多種途徑，採取各種有效的方法及時妥善解決相關技術問題				
溝　通能　力	善於接受並準確理解他人傳遞的信息，且能作出恰當回饋				
關注細節能力	深入瞭解技術方面的關鍵細節，並善於提出改進技術細節的方法及方案				

3.**工作態度**

考核項目	考核內容	分值	考核得分		
			自評	考核人	考核得分
責任感	工作認真負責，盡一切努力解決技術問題，並主動承擔相關責任				
進取心	具有持續強烈的求知欲，期望通過不斷學習新技術、技能來更好地完成工作任務				
敬業精神	對待工作兢兢業業，任勞任怨，並能積極主動地進行技術攻關				

請把您認爲合適的數值塡寫在相應方格內，如塗改，請塗改者在塗改處簽字，評後準時送交人力資源部。

被考核者(自評人)簽名：　　　　　　直接上級簽名：

三、績效考核細則

表 8-14　績效考核細則

考核細則	技術支援主管績效考核實施細則			受控狀態	
				編　號	
執行部門		監督部門		考證部門	

一、目的

1.爲激勵技術支援主管完成工作目標，客觀評價其工作表現，不斷完善呼叫中心平臺系統建設，特制定本考核實施細則。

2.爲技術支援主管的獎金發放、崗位調整、職級升降、職業指導等人力資源決策提供依據。

續表

二、考核內容與指標

對技術支援主管的考核從任務績效、週邊績效、能力績效 3 個方面考慮，具體內容如下。

技術支援主管績效考核表

考核項目	考核指標	權重	考核標準	評分
任務績效	系統故障總時數	10%	1.呼叫中心因系統故障而無法正常工作的總時數 2.目標值爲___個小時以內，每超___個小時扣___分，超過___小時，得分爲 0	
	系統維護及時率	15%	1.目標值＝系統維護及時次數÷系統按規定應維護的總次數×100% 2.目標值爲___%，每差___%扣___分，低於___%，得分爲 0	
	系統設計或改進方案提交及時率	5%	1.目標值＝方案提交及時次數÷按要求應提交方案的總次數×100% 2.目標值爲___%，每差___%扣分，低於___%，得分爲 0	
	方案一次性通過率	10%	1.目標值＝方案一次性通過的次數÷按要求應提交方案的總次數×100% 2.目標值爲___%，每差___%扣分，低於___%，得分爲 0	
	部門協作滿意度	15%	1.通過向各部門發放滿意度調查問卷的方式，獲取各部門對技術支援工作滿意度的考核數據 2.目標值爲___%，每差___%扣___分，低於___%，得分爲 0	

續表

考核項目		考核內容與定義					
任務績效	技術故障處理及時率	1.目標值＝技術故障處理及時次數÷技術故障發生總次數×100% 2.目標值爲___%，每差___%扣___分，低於___%，得分爲0	10%				
任務績效得分小計							
考核項目		考核內容與定義	考核評分				
			5分	4分	3分	2分	1分
週邊績效	責任感	1.尊重並維護呼叫中心的利益和形象 2.樂意接受額外任務和臨時加班 3.積極主動承擔相應的技術攻堅任務					
	紀律性	1.嚴格遵守公司各項規章制度 2.主動服從上級的工作指示或任務安排 3.準時上下班，無遲到、缺勤、曠工					
	合作性	1.關注並及時發現呼叫業務的技術需求 2.全力滿足相關部門的合理技術需求 3.合作態度愉悅、友善					
週邊績效得分小計							
考核項目		考核內容與定義	考核評分				
			5分	4分	3分	2分	1分
能力績效	專業技能	1.具備充分的通信和電腦專業知識 2.具有適應崗位要求的技術技能 3.掌握相關技術要領並操作嫻熟					
	關注細節	1.認真對待工作中的各個技術細節 2.善於從細微之處發現問題根源 3.明確提出問題的具體解決方案					

續表

能力績效	執行力	1.堅持不懈地完成工作任務 2.扎實地做好必要的技術基礎工作 3.反應靈活，能夠隨機應變					
能力績效得分小計							
總分：任務績效得分＋週邊績效得分＋能力績效得分							

三、考核評估獎懲規定

1.根據公司有關績效獎懲管理規定給付績效獎金。

2.年度考核分數在___分以上的員工，下一年度可晉升 1～2 級工資。

3.年度考核分數高於___分的員工，擬晉升職務等級。

4.年度考核分數在___分以下者，應加強崗位技能訓練，以提升工作績效。

編制日期		審核日期		批准日期	
修改標記		修改處數		修改日期	

心得欄 ________________________________

____

____

____

____

____

第六節　排班主管

一、關鍵業績指標

1.主要工作

⑴制訂呼叫中心排班制度和排班計劃，並負責監督實施。

⑵組織相關人員進行呼叫中心話務量的分析和預測工作，掌握呼叫中心業務運營現狀和發展趨勢。

⑶根據預測的話務量、座席數量和座席技能安排班務和編制排班表，並監督執行。

⑷根據呼叫中心業務需求變化和座席員的變動情況，及時更新並不斷改進排班表。

⑸負責呼叫中心人力、座席、設備等資源的統一調配和管理。

⑹負責呼叫中心座席員的現場工作調度和高峰期人員調度。

⑺對呼叫中心突發事件進行現場調控，及時採取應急措施並協調處理。

⑻定期對排班工作進行總結，並將排班工作中反映的問題進行有效分析，編制各類管理報表。

⑼完成上級臨時交辦的工作。

2.關鍵業績指標

⑴排班計劃編制及時率。

⑵話務量預測準確性。

⑶座席利用率。

⑷平均話務量。

⑸棄呼率。

二、考核指標設計

(一)排班主管目標管理卡

運用目標管理卡對排班主管進行考核，最大的優點在於它能使目標責任者進行自我控制，從而激發最大的潛力以達到目標。具體見表 8-15 所示。

表 8-15 排班主管目標管理卡

<table>
<tr><td>考核期限</td><td></td><td>姓　名</td><td></td><td>職　位</td><td></td><td>員工簽字</td><td></td></tr>
<tr><td>實施時間</td><td></td><td>部　門</td><td></td><td>負責人</td><td></td><td>經理簽字</td><td></td></tr>
<tr><td colspan="6">1.上期實績自我評價(目標執行人記錄後交直屬經理評價)</td><td rowspan="4">1</td><td>2.直屬經理評價</td></tr>
<tr><td colspan="4">相對於目標的實際完成程度</td><td>自我評分</td><td>經理評分</td><td>⑴目標實際達成情況</td></tr>
<tr><td colspan="4">排班表編制及時率達___%，高(低)於目標___%</td><td></td><td></td><td rowspan="2"></td></tr>
<tr><td colspan="4">話務量預測準確性，偏差小於___%，高(低)於目標___%</td><td></td><td></td></tr>
</table>

續表

<table>
<tr><td colspan="3">話務員日平均通話時間爲___分，高(低)於目標___分</td><td></td><td></td><td></td><td rowspan="3"></td></tr>
<tr><td colspan="3">座席利用率達___%，高(低)於目標___%</td><td></td><td></td><td></td></tr>
<tr><td colspan="3">棄呼率小於___%，高(低)於目標___%</td><td></td><td></td><td></td></tr>
<tr><td colspan="5">3.下期目標設定(與直屬經理討論後記入)</td><td></td><td rowspan="2">(2)與目前職位要求相比的能力素質差異</td></tr>
<tr><td colspan="2">項　目</td><td>計劃目標</td><td>完成時間</td><td>權重</td><td></td></tr>
<tr><td rowspan="5">工作目標</td><td>排班表編制及時率</td><td>達到___%</td><td></td><td></td><td></td><td rowspan="3"></td></tr>
<tr><td>話務員日平均通話時間</td><td>___小時（分鐘）</td><td></td><td></td><td>2</td></tr>
<tr><td>話務量預測準確性</td><td>偏差小於___%</td><td></td><td></td><td></td></tr>
<tr><td>座席利用率</td><td>在___%以上</td><td></td><td></td><td></td><td>(3)能力素質提升計劃</td></tr>
<tr><td>棄呼率</td><td>小於___%</td><td></td><td></td><td></td><td rowspan="3"></td></tr>
<tr><td rowspan="2">個人發展目標</td><td>參加呼叫中心管理培訓</td><td>不少於___課時</td><td></td><td></td><td></td></tr>
<tr><td>參加呼叫中心研討會</td><td>不少於___次</td><td></td><td></td><td></td></tr>
</table>

(二)排班主管績效考核表

績效考核表是從主要工作完成情況、工作能力和工作態度 3 個方面對排班主管的績效進行評價的考核工具。具體內容如表 8-16 所示。

表 8-16　排班主管績效考核表

員工姓名：__________　職　　位：__________

部　　門：__________　地　　點：__________

評估期限：自____年___月___日至____年___月___日

1.主要工作完成情況

序號	主要工作內容	考核內容	目標完成情況	考核分數	
				分值	考核得分
1	呼叫中心話務量的預測	話務量預測準確性			
2	呼叫中心排班表的編制	排班表編制及時率			
3	人力、設備等資源的調配	座席利用率			
		話務員日平均通話時間			
		棄呼率			

2.工作能力

考核項目	考核內容	分值	考核得分		
			自評	考核人	考核得分
邏輯分析能力	運用數據分析模型，結合呼叫中心業務需求，對相關工作進行有效分析和準確預測				
問題解決能力	採取有效的方式方法，靈活應對和處理工作中遇到的難題				
協　調能　力	與呼叫中心內部成員有效協調，消除各種障礙，保證工作能順利完成				

3.**工作態度**

考核項目	考核內容	分值	考核得分		
			自評	考核人	考核得分
責任心	以高度的使命感對待工作，認真履行工作職責，並自發自覺地承擔工作後果				
主動性	無需上級監督，能主動自覺地投入較多精力來提高工作績效				
紀律性	服從上級工作安排，遵守各項規章制度和紀律				

請把您認爲合適的數值填寫在相應方格內，如塗改，請塗改者在塗改處簽字，評後準時送交人力資源部。

被考核者(自評人)簽名：　　　　　　直接上級簽名：

三、績效考核細則

表 8-17　績效考核細則

考核細則	排班主管績效考核實施細則			受控狀態	
				編　　號	
執行部門		監督部門		考證部門	

一、目的

爲了對排班主管的工作績效進行客觀、科學的評估，激勵其不斷改進績效水準，特制定本考核細則。

二、考核週期

對排班主管的考核以月考核爲主，各月考核的平均值作爲年度考核得分。

續表

三、考核內容和指標說明

1.話務量預測。

話務量預測是排班的前置事件，反映了排班主管的預測與規劃能力。對這一工作的考核主要是通過話務量預測數值與實際發生值的對比來實現的。

2.排班表編制。

編制座席員的排班表是排班主管最核心的工作，通過合理編制排班表可以有效地調整呼叫中心人員、設備、座席等資源的有效利用，其主要考核指標包括以下幾類。

⑴直接對排班表編制狀況的考核。

指標包括排班表編制及時率、排班衝突發生的次數及排班表編制出錯的次數。

⑵對資源調配方面的考核。

指標包括座席利用率、話務員日平均通話時間等。

⑶對排班品質的考核。

指標包括平均等待時間、棄呼率等。

四、考核結果的應用

根據排班主管的績效考核綜合得分，人力資源部按照公司相關規定對其作出薪酬調整、發展培訓、崗位輪換、職位晉升等決策。

編制日期		審核日期		批准日期	
修改標記		修改處數		修改日期	

第七節　呼叫中心座席員

一、關鍵業績指標

1.主要工作

⑴接聽、回答客戶提出的問題。

⑵對所有呼入、呼出的電話進行記錄，並跟蹤處理。

⑶接到疑難電話或投訴，應詳細記錄來電時間、內容和客戶聯繫方式，明確答覆時間並轉交上級處理解決。

⑷定期將呼入、呼出記錄進行整理並上報。

⑸負責所用電腦和辦公設備、辦公席位的清潔工作。

⑹按時參加工作例會，並向上級彙報工作中出現的問題。

⑺完成上級臨時交辦的工作。

2.關鍵業績指標

⑴呼叫工作的完成率。

⑵每小時呼叫的次數。

⑶平均應答時限。

⑷客戶滿意度。

二、考核指標設計

(一)呼叫中心座席員目標管理卡

呼叫中心座席員的考核指標採用目標管理卡進行設計。根據呼叫中心座席員上期實績自我評價和直屬主管的評價，與上級直屬主管討論後制定下期目標。下期目標主要從工作目標和個人發展目標兩個方面進行設定，具體的呼叫中心座席員目標管理卡如表 8-18 所示。

表 8-18 呼叫中心座席員目標管理卡

<table>
<tr><td>考核期限</td><td></td><td>姓　　名</td><td></td><td>職　　位</td><td></td><td>員工簽字</td><td></td></tr>
<tr><td>實施時間</td><td></td><td>部　　門</td><td></td><td>負 責 人</td><td></td><td>主管簽字</td><td></td></tr>
</table>

<table>
<tr><td colspan="4">1.上期實績自我評價(目標執行人記錄後交直屬主管評價)</td><td rowspan="6">1 ⇨</td><td>2.直屬主管評價</td></tr>
<tr><td colspan="2">相對於目標的實際完成程度</td><td>自我評分</td><td>主管評分</td><td>(1)目標實際達成情況</td></tr>
<tr><td rowspan="2">負責完成呼叫中心安排的所有工作</td><td>考核期內工作任務完成率爲____%，與上期目標相比，提高(降低)____%</td><td></td><td></td><td rowspan="3"></td></tr>
<tr><td>考核期內客戶滿意度評價爲____分，與上期目標相比，增加(減少)____分</td><td></td><td></td></tr>
<tr><td>處理呼入、呼出電話的接聽標準</td><td>考核期內每小時呼叫次數爲____次，與上期目標相比，增加(減少)____次</td><td></td><td></td></tr>
</table>

續表

<table>
<tr><td colspan="2">處理呼入、呼出電話的接聽標準</td><td>考核期內平均事後處理時間爲___秒，與上期目標相比，增加(減少)___秒</td><td></td><td></td><td></td><td></td></tr>
<tr><td colspan="5">3.下期目標設定（與直屬主管討論後記入）</td><td rowspan="11">⇐2</td><td rowspan="2">(2)與目前職位要求相比的能力素質差異</td></tr>
<tr><td colspan="2">項　　目</td><td>計劃目標</td><td>完成時間</td><td>權重</td></tr>
<tr><td rowspan="6">工作目標</td><td>工作任務完成率</td><td>達到___%以上</td><td></td><td></td><td rowspan="4"></td></tr>
<tr><td>客戶滿意度</td><td>達到___分以上</td><td></td><td></td></tr>
<tr><td>呼叫服務水準</td><td>達到公司要求的水準</td><td></td><td></td></tr>
<tr><td>每小時呼叫次數</td><td>達到___次以上</td><td></td><td></td></tr>
<tr><td>平均事後處理時間</td><td>不超過___秒</td><td></td><td></td><td>(3)能力素質提升計劃</td></tr>
<tr><td>平均通話時間</td><td>控制___秒以下</td><td></td><td></td><td rowspan="3"></td></tr>
<tr><td rowspan="2">個人發展目標</td><td>參加業餘培訓</td><td>不少於___課時</td><td></td><td></td></tr>
<tr><td>參加呼叫中心技能培訓</td><td>不少於___課時</td><td></td><td></td></tr>
</table>

(二)呼叫中心座席員績效考核表

爲了更全面地對呼叫中心座席員進行績效考核，本表從主要工作完成情況、工作能力和工作態度這 3 個方面對呼叫中心座席員的績效考核進行設計，具體的績效考核如表 8-19 所示。

表 8-19　呼叫中心座席員績效考核表

員工姓名：________　職　　位：________

部　　門：________　地　　點：________

評估期限：自____年___月___日至____年___月___日

1.主要工作完成情況

序號	主要工作內容	考核內容	目標完成情況	考核分數	
				分值	考核得分
1	接聽所有呼入、呼出電話	平均通話時間			
		每小時呼叫次數			
		平均事後處理時間			
2	按照公司制定的標準跟客戶進行通話	呼叫服務水準			
3	處理客戶的諮詢、投訴	客戶滿意度			

2.工作能力

考核項目	考核內容	分值	考核得分		
			自評	考核人	考核得分
親和力	懂得人際交往的藝術，注重與人進行心靈的溝通，能使他人真心信服並願意把自己當作朋友				
人際理解力	能夠準確把握他人未表達的情感，並能判斷其情感將要發生的變化				
換位思考能力	精通有效溝通的方式和方法，能經常做到從對方的角度出發，真誠關心對方，向對方提供可能的支援和幫助				

3.**工作態度**

<table>
<tr><td rowspan="2">考核項目</td><td rowspan="2">考核內容</td><td rowspan="2">分值</td><td colspan="3">考核得分</td></tr>
<tr><td>自評</td><td>考核人</td><td>考核得分</td></tr>
<tr><td>責任心</td><td>對待工作不怕繁瑣、有耐心，考慮問題與做事細緻、週到</td><td></td><td></td><td></td><td></td></tr>
<tr><td>服務態度</td><td>在正常維護企業整體利益的前提下，將客戶利益放在第一位，並能夠不斷提高爲客戶服務的技能，在業務範圍內保證客戶有較高的滿意度</td><td></td><td></td><td></td><td></td></tr>
</table>

請把您認爲合適的數值填寫在相應方格內，如塗改，請塗改者在塗改處簽字，評後準時送交人力資源部。

被考核者(自評人)簽名：　　　　　　　直接上級簽名：

三、績效考核細則

表 8-20　績效考核細則

<table>
<tr><td rowspan="2">考核細則</td><td colspan="3" rowspan="2">呼叫中心座席員績效考核實施細則</td><td>受控狀態</td><td></td></tr>
<tr><td>編　號</td><td></td></tr>
<tr><td>執行部門</td><td></td><td>監督部門</td><td></td><td>考證部門</td><td></td></tr>
<tr><td colspan="6">一、目的
1.爲了正確、合理評估呼叫中心座席員的工作績效，激勵其不斷提升服務水準，提高客戶服務品質，特制定本細則。
2.爲呼叫中心座席員的薪資調整、職位晉升、崗位培訓、職業生涯發展規劃等人力資源決策提供依據。</td></tr>
</table>

續表

二、考核內容與指標

對呼叫中心座席員從呼叫標準、呼叫服務水準和客戶滿意度這 3 個方面來進行考核，具體考核內容及評價標準見下表。

呼叫中心座席員呼叫標準指標細化說明

考核指標	考核標準	信息來源	評價標準
放棄率	___%	此類指標可由 PBX、CTI、業務系統的報表直接獲得	內部指標全部達到公司的規定爲滿分，一項未達到扣 5 分
平均事後處理時間	___秒		
平均交談時間	___秒		
每小時呼叫次數	___次		

呼叫服務品質水準指標細化說明

指標設置		考核方式	評價標準
客戶進入呼叫中心是否便利	振鈴次數的感覺	1. 主要通過測量呼叫者感覺的指標，來考量座席員的呼叫服務水準 2. 通過問卷調查或 CATI 等方式獲取客戶對服務性指標的看法	在進行抽查或監聽中，每出現 1 項不合格，扣 2 分，並在考核總結中對員工進行提示或安排培訓
	排隊時長的感覺		
	持線等待時間的感覺		
	轉接次數的感覺		
客戶與座席員交談是否愉快	回答電話的快慢		
	對客戶處境的關心		
	口齒是否清晰		
	是否主動適時給出超出客戶需求的建議		
客戶對座席員回答的感覺	回答全面		
	回答準確		
	回答公正		
	回答有幫助		

續表

客戶滿意度指標細化說明			
指標設置		考核方式	評價標準
持續性	按照服務中心承諾服務	主要通過對呼叫進行監聽或測聽，或者以客戶身份撥入電話	在進行抽查或監聽中，每出現 1 項不合格項目，扣 2 分，並在考核總結中對員工進行提示或安排培訓
	能夠在一段時期內保持相同的服務水準		
	服務時，給客戶的感覺是可信賴的		
客戶導向	仔細接聽來電		
	掌控談話過程		
	瞭解談話內容		
	努力解決問題並記錄		
熱誠性、方便性	主動、友善、有足夠的專業支援，能夠理解客戶處境		
	快速回應電話		
	可以根據客戶提出的問題，直接找到相關負責人進行解決		
	回答問題清晰、明瞭，無需重覆		

三、考核的實施

1.對服務標準、服務水準和客戶滿意度這 3 項指標分別打分。

2.服務標準、服務水準和客戶滿意度指標的權重分別爲 30%、30%、40%。

3.計算、匯總呼叫中心座席員的考核分數。

4.根據考核結果對呼叫中心座席員出現問題較多的地方安排相應的培訓。

編制日期		審核日期		批准日期	
修改標記		修改處數		修改日期	

第八節　話務量預測專員

一、關鍵業績指標

1.主要工作

⑴負責呼叫中心各類數據的收集、整理和分析、工作。

⑵分析歷史數據，對未來的話務量情況做出預測分析，按時提交《預測分析報告》。

⑶對各項數據進行分析，判斷班務安排是否合理，並及時向上級提出優化方案。

⑷針對話務報表計算出日平均接通率、忙時接通率、最低接通率等服務標準，並建立相關的信息庫，爲考核座席員的工作提供依據。

⑸分析掌握呼叫規律，爲呼叫中心的運營管理提供依據。

⑹及時向上級進行工作情況彙報，做到信息暢通。

⑺完成上級臨時交辦的工作。

2.關鍵業績指標

⑴話務量測算表提交及時率。

⑵話務量預測的準確性。

⑶話務量預測報告提交及時率。

⑷收集數據的正確性。

二、考核指標設計

(一)話務量預測專員目標管理卡

話務量預測專員的考核指標採用目標管理卡進行設計。根據話務量預測專員上期實績自我評價和直屬主管的評價，與上級直屬主管討論後制定下期目標。下期目標主要從工作目標和個人發展目標 2 個方面進行設定，具體的話務量預測專員目標管理卡如表 8-21 所示。

表 8-21　話務量預測專員目標管理卡

<table>
<tr><td>考核期限</td><td></td><td>姓　　名</td><td></td><td>職　　位</td><td></td><td>員工簽字</td><td></td></tr>
<tr><td>實施時間</td><td></td><td>部　　門</td><td></td><td>負 責 人</td><td></td><td>主管簽字</td><td></td></tr>
<tr><td colspan="5">1.上期實績自我評價(目標執行人記錄後交直屬主管評價)</td><td rowspan="5">1</td><td colspan="2">2.直屬主管評價</td></tr>
<tr><td colspan="3">相對於目標的實際完成程度</td><td>自我評分</td><td>主管評分</td><td colspan="2">(1)目標實際達成情況</td></tr>
<tr><td colspan="3">考核期間話務量預測工作任務完成率達到___%，高/低於目標___%</td><td></td><td></td><td colspan="2" rowspan="3"></td></tr>
<tr><td colspan="3">考核期間話務量預測偏差率達到___%，高/低於目標___%</td><td></td><td></td></tr>
<tr><td colspan="3">考核期間話務量預測報告提交及時率達到___%，高/低於目標___%</td><td></td><td></td></tr>
<tr><td colspan="5">3.下期目標設定(與直屬主管討論後記入)</td><td rowspan="3"></td><td colspan="2" rowspan="2">(2)與目前職位要求相比的能力素質差異</td></tr>
<tr><td colspan="2">項　　目</td><td>計劃目標</td><td>完成時間</td><td>權重</td></tr>
<tr><td>工作目標</td><td>話務量預測工作任務完成率</td><td>達到___%以上</td><td></td><td></td><td colspan="2"></td></tr>
</table>

續表

工作目標	話務量預測偏差率	達到___%以上			2	
	預測分析報告提交及時率	達到 100%				
個人發展目標	閱讀話務量預測方面的書籍	不少於___本				(3)能力素質提升計劃
	參加客戶服務培訓課程	成績不低於___分				

(二)話務量預測專員績效考核表

績效考核表是從話務量預測專員的主要工作完成情況、工作能力和工作態度 3 個方面對其進行全面詳細的考核。具體考核內容如表 8-22 所示。

表 8-22 話務量預測專員考核表

員工姓名：________________ 職　　位：________________

部　　門：________________ 地　　點：________________

評估期限：自______年___月___日至______年___月___日

1.主要工作完成情況

序號	主要工作內容	考核內容	目標完成情況	考核分數	
				分值	考核得分
1	收集、整理呼叫中心各項數據	數據無缺失、無遺漏			
2	負責編寫《話務量預測分析報告》	報告提交的及時性			
		預測的準確性			
3	爲上級排班提供優化方案	提交方案被採納的次數			
4	全面負責呼叫中心的話務量預測任務	話務量預測工作的完成情況			

2.工作能力

考核項目	考核內容	分值	考核得分		
			自評	考核人	考核得分
邏輯分析能力	能夠根據對信息收集結果的客觀分析和正確判斷，對相關問題的未來發展趨勢做出正確的預測				
關注細節能力	能夠預見排班處理過程中可能存在的細節問題，並能夠在考慮全局的前提下，指導他人及早制定預防措施				
人際理解力	能夠準確地把握他人未表達的情感，並且能判斷出其情感將要發生的變化				

3.工作態度

考核項目	考核內容	分值	考核得分		
			自評	考核人	考核得分
工作主動性	能積極地處理工作中出現的各種問題				
工作紀律性	遲到、早退、曠工情況				

請把您認爲合適的數值塡寫在相應方格內，如塗改，請塗改者在塗改處簽字，評後準時送交人力資源部。

被考核者(自評人)簽名：　　　　　　直接上級簽名：

三、績效考核細則

表 8-23　績效考核細則

考核細則	話務量預測專員績效實施細則			受控狀態	
				編　　號	
執行部門		監督部門		考證部門	

一、目的

對話務量預測專員的工作業績進行客觀、科學的評估，激勵其不斷改進績效水準，提升員工利用率。

二、考核週期

話務量預測專員考核週期一覽表

考核週期	說明
月 考 核	每月的___日～___日對話務量預測專員上月的工作業績進行考核
季 考 核	每季首月的___日～___日對話務量預測專員上季的工作業績進行考核
年度考核	4 個季考核完畢後，4 個季考核得分的平均值即爲年度工作業績績效考核得分

三、考核內容和指標

對話務量預測專員的工作考核從工作業績、工作能力和工作態度 3 個方面來進行細化說明，具體內容如下表所示。

話務量預測專員工作業績細化說明

考核指標	指標說明	評價標準
話務量預測工作的完成率	目標值＝考核期實際完成的工作任務÷考核期規定完成的工作任務×100%	1.目標值爲___%以上，得 15 分 2.得分＝15×[1-(___%－完成率)]

續表

話務量預測報告提交及時率	目標值＝考核期按時提交的報告數÷考核期提交的所有報告數×100%	1.目標值爲 100%，得 10 分 2.得分＝10×報告提交及時率
話務量預測報告的品　質	話務量預測報告中選用的預測模型的合理性、對排班主管排班的有效建議等	1.報告中的預測模型符合公司實際，預測分析準確，成爲排班主管合理排班的有力依據，得 10 分 2.報告中的預測模型基本符合公司實際，爲排班主管合理排班提供了一定的參考，得___分 3.報告分析錯誤，無價值，影響排班主管做出正確的排班方案，得___分
預測分析的準確性	提交的話務量預測數值與實際發生值的對比	1.偏差在 5%以內的，本項指標爲 15 分 2.偏差每拉大 5%，扣___分，偏差超過 30%，本項指標爲 0 分
收集數據的正確性	爲話務量預測所搜集的呼叫中心歷史數據	1.搜集的數據 100%正確，得 10 分 2.抽查過程中，發現數據錯誤，但未影響話務量預測的結果，扣___分，發生數據錯誤 3 次以上，此項不得分 3.抽查過程中，發現數據錯誤，並且因此導致了話務量預測的失誤，扣___分，扣完爲止

續表

話務量預測專員工作能力細化說明	
考核項目	考核等級評價標準
邏輯分析能力(10分)	對收集數據、信息的真實性存在質疑(60分以下)
	能夠借助各種手段收集呼叫中心的數據信息，並保證其真實性(60～69分)
	能夠運用歸納、演繹等推理方法，簡單地對搜集數據進行匯總、分類(70～79分)
	掌握數據分析模型和框架的使用方法，並能根據上級的實際需要進行有效的數據分析(80～89分)
	能夠根據對信息收集結果的客觀分析和正確判斷，對相關問題的未來發展趨勢做出正確的預測(90～100分)
關注細節能力(5分)	對呼叫中心客戶服務細節關注較少(60分以下)
	對已經出現的細節問題，給予一定的重視，並能夠做到對細節的充分瞭解和把握(60～69分)
	能通過細節問題把握呼叫中心服務中存在的漏洞，並制定預防措施(70～79分)
	能夠預見呼叫中心服務過程中可能存在的細節問題，並能夠在考慮全局的前提下，指導他人及早制定預防措施(80～89分)
	能夠以較低的成本有效地解決細節問題，並能夠根據某一細節問題的處理經驗觸類旁通(90～100分)
理解力(5分)	對他人明確表達出來的情感或內容瞭解困難(60分以下)
	對他人明確表現出的情感或內容有所瞭解(60～69分)
	對目前情感、未表達出的情感都能夠清晰的理解(70～79分)
	能夠準確地把握他人未表達出的情感，並且能判斷其情感將要發生的變化(80～89分)
	能夠理解他人所傳遞信息裏所蘊涵的深層含義(90～100分)

續表

話務量預測專員工作態度細化說明	
考核項目	考核等級評價標準
工作紀律（10分）	經常遲到、早退且不服從主管工作上的安排(60分以下)
	較少情況下遲到、早退，基本上服從主管的安排(60～69分)
	偶爾遲到、早退，服從主管工作上的安排(70～79分)
	從不遲到、早退，服從主管工作上的安排(80～89分)
	經常加班，積極服從主管工作上的安排(90～100分)
工作主動性（10分）	工作懈怠且工作業績不能達到工作標準(60分以下)
	在別人的監督下能較好地完成工作(60～69分)
	工作主動，能較好地完成自己的本職工作(70～79分)
	積極主動地完成自己的本職工作(80～89分)
	除了做好自己的本職工作外，還經常主動承擔一些分外的工作(90～100分)

四、考核得分與應用

話務量預測專員的工作業績考核得分(60%)與其工作能力(20%)、工作態度(20%)的考核得分合計，綜合考核得分，並根據公司相關規定，對話務量預測專員薪酬進行調整。

編制日期		審核日期		批准日期	
修改標記		修改處數		修改日期	

第九節 服務品質監督員

一、關鍵業績指標

1.主要工作

⑴協助上級主管制定呼叫中心服務品質的有關標準，管理辦法並監督實施。

⑵監聽呼叫中心員工的通話及操作品質，並及時進行輔導指正。

⑶對現場的服務品質管理和系統運行情況進行監控。

⑷錄製、監聽呼叫中心員工的服務通話。

⑸及時指出和分析監聽過程中所發現的問題，並定期向上級提交日、週、月報告。

⑹定期回訪客戶，評價呼叫服務的滿意度。

⑺運用呼叫中心服務品質監督數據，爲相關人員進行績效考核提供依據。

⑻收集呼叫服務的典型案例，爲後期員工培訓提供素材。

⑼接收並受理客戶的抱怨、投訴，並及時彙報給上級。

2.關鍵業績指標

⑴工作任務完成率。

⑵服務品質監督報告提交的及時率。

⑶服務錄音記錄完整性。

(4)客戶投訴受理及時率。

二、考核指標設計

(一)服務品質監督員目標管理卡

服務品質監督員的考核指標採用目標管理卡進行設計。根據服務品質監督員上期實績自我評價和直屬上級的評價，與上級直屬上級討論後制定下期目標。下期目標主要從工作目標和個人發展目標 2 個方面進行設定，具體的目標管理卡如表 8-24 所示。

表 8-24　服務品質監督員目標管理卡

考核期限		姓　名		職　位		員工簽字	
實施時間		部　門		負責人		主管簽字	

1.上期實績自我評價(目標執行人記錄後交直屬主管評價)				2.直屬主管評價
相對於目標的實際完成程度	自我評分	主管評分		(1)目標實際達成情況
工作任務完成率達到___%，高/低於目標___%			1	
服務品質分析報告提交及時率達到___%，高/低於目標___%				
監督記錄資料的完整、準確率達到___%，高/低於目標___%				
客戶回訪率達到___%，高/低於目標___%				

續表

<table>
<tr><td colspan="5">3.下期目標設定（與直屬主管討論後記入）</td><td rowspan="9">2</td><td rowspan="2">(2)與目前職位要求相比的能力素質差異</td></tr>
<tr><td colspan="2">項　目</td><td>計劃目標</td><td>完成時間</td><td>權重</td></tr>
<tr><td rowspan="5">工作目標</td><td>工作任務完成率</td><td>達到___%以上</td><td></td><td></td><td rowspan="3"></td></tr>
<tr><td>服務品質監督報告提交及時率</td><td>達到___%以上</td><td></td><td></td></tr>
<tr><td>服務錄音記錄完整性</td><td>達到 100%</td><td></td><td></td></tr>
<tr><td>客戶回訪率</td><td>達到___%以上</td><td></td><td></td><td>(3)能力素質提升計劃</td></tr>
<tr><td>客戶投訴受理及時率</td><td>達到 100%</td><td></td><td></td><td rowspan="3"></td></tr>
<tr><td rowspan="2">個人發展目標</td><td>參加夜校培訓和週末培訓的次數</td><td>不少於___次</td><td></td><td></td></tr>
<tr><td>年度參加與工作相關的講座次數</td><td>不少於___次</td><td></td><td></td></tr>
</table>

（二）服務品質監督員績效考核表

服務品質監督員的績效考核表是從主要工作完成情況、工作能力和工作態度 3 個方面來對其進行全面考核的工具。具體考核內容如表 8-25 所示。

表 8-25　服務品質監督員績效考核表

員工姓名：＿＿＿＿＿＿＿＿　職　　位：＿＿＿＿＿＿＿＿

部　　門：＿＿＿＿＿＿＿＿　地　　點：＿＿＿＿＿＿＿＿

評估期限：自＿＿＿年＿＿月＿＿日至＿＿＿年＿＿月＿＿日

1.**主要工作完成情況**

序號	主要工作內容	考核內容	目標完成情況	考核分數	
				分值	考核得分
1	負責呼叫中心的服務監督工作	服務品質監督工作的完成情況			
2	編寫《服務品質監督報告》	報告提交及時性			
3	負責錄製服務通話	錄音記錄的完整性			
4	負責定期回訪客戶	客戶回訪的情況			
5	處理客戶的投訴	客戶投訴受理的及時性			

2.**工作能力**

考核項目	考核內容	分值	考核得分		
			自評	考核人	考核得分
自控能力	1.感覺到強烈的感情或其他壓力，能抑制住它們，並能以建設性的方法回應 2.對不良情緒和壓力產生的原因進行分析、總結，避免今後出現類似的情況				

續表

預期應變能力	通過預測企業內、外客戶和關鍵性市場的發展趨勢，爲呼叫中心的工作及發展方向提供幫助				
關注細節能力	掌握各種可以提升和改進細節的方法，並在工作中實施，力求盡善盡美				

3.工作態度

考核項目	考核內容	分值	考核得分		
			自評	考核人	考核得分
責任心	對待工作不怕繁瑣、有耐心，考慮問題細緻、週到				
進取心	有堅強的信念，善於尋找並利用各種途徑解決問題；能夠堅持學習，不斷地吸收新的知識；專業能力提升較快，願意承擔更大的責任，有遠期的追求目標				

請把您認爲合適的數值填寫在相應方格內，如塗改，請塗改者在塗改處簽字，評後準時送交人力資源部。

被考核者(自評人)簽名：　　　　　　直接上級簽名：

三、績效考核細則

表 8-26　績效考核細則

考核細則	服務品質監督員績效考核實施細則			受控狀態	
				編　　號	
執行部門		監督部門		考證部門	

一、考核頻率

1.月考核，對當月的工作表現進行考核，考核實施時間爲下月 5 日之前，遇節假日順延。

2.季考核，對當季的工作表現進行考核，考核實施時間爲下一季首月 15 日之前。

3.年度考核，考核期限爲全年，考核實施時間爲下一年度 1 月 20 日之前。

二、考核實施

1.呼叫中心經理組織相關人員對服務品質監督員進行評估，根據服務品質監督員的實際工作表現，對照《服務品質監督員考核表》進行評估，並將結果匯總上交人力資源部。

2.人力資源部將考核結果於考核結束後 5 個工作日內上報公司審批。

3.人力資源部於審批結束後的 3 個工作日內將考核結果回饋至服務品質監督員，進行績效確認。

三、考核內容

服務品質監督員考核指標細化說明

考核項目	考核指標	權重	評價標準
工作業績	工作任務完成率	20%	1.考核期內實際完成的工作任務量與考核期內規定要完成的工作任務量的比例 2.目標值爲___%以上，得 100 分，每降低___%，扣___分，低於___%，此項不得分，並警告 1 次

續表

工作業績	服務品質監督報告提交的及時率	10%	1.考核期內按時提交的報告數量與考核期內提交的所有報告數量的比例 2.目標值爲 100%，得 100 分，延遲 1 次，扣___分，累計___次以上，此項不得分
	服務錄音記錄的完整性	10%	服務錄音 100%記錄，得 100 分，每遺漏 1 次，扣___分，扣完爲止(由設備問題引起的記錄不完整除外)
	客戶回訪率	10%	1.考核期內回訪的客戶量與考核期內規定要回訪客戶量的比值 2.目標值爲___%以上，得 100 分，每降低___%，扣___分，低於___%，此項不得分
	客戶投訴受理的及時率	10%	1.考核期內及時受理的投訴數量與考核期內受理的所有投訴數量的比值 2.目標值爲___%以上，得 100 分，每降低___%，扣___分，低於___%，此項不得分，並通報批評 1 次
工作能力	自控能力	10%	1.面對誘惑時，表現出衝動或不正當的行爲(60 分以下) 2.有能力抵制可能的誘惑，不會採取不恰當和衝動的行爲(60～69 分) 3.在感覺到強烈的感情(例如：發怒、極其沮喪或高度壓力)時，能抑制其表現出來(70～79 分) 4.當感覺到強烈情緒時(如發怒、極其沮喪或高度壓力)時，不僅能抑制其表現出來，而且能繼續平靜地進行談話或開展工作(80～89 分) 5.感覺到強烈的感情或其他壓力，能抑制住它們，並以建設性的方法回應，而且能對不良情緒和壓力產生的原因進行分析、總結，避免今後出現類似的情況(90～100 分)

續表

工作能力	預期應變能力	10%	1.採取重覆的行動以實現目標，當遇到困難時手足無措(60分以下) 2.採取重覆的行動以實現目標，事情進展困難時不輕易放棄，積極尋找解決辦法(60～69分) 3.在事情變得被動前、在被問及或受到指示之前，提前積極地尋求解決辦法(70～79分) 4.在他人還沒有意識到機遇或問題時，鼓勵他們不坐等指示、積極採取行動(80～89分) 5.通過預測組織內、外客戶和關鍵性市場的發展趨勢，爲呼叫中心的工作及發展方向提供幫助(90～100分)
工作態度	進取心	10%	1.僅僅安心於自己的本職工作(60分以下) 2.熱愛本職工作，不斷地進行專業學習，能有效發揮職位效能(60～69分) 3.設置具有挑戰性且可行的工作目標，並爲之而努力(70～79分) 4.有堅強的信念，善於尋找並利用各種途徑解決問題；能夠堅持學習，不斷地吸收新的知識；專業能力提升較快，願意承擔更大的責任，有遠期的追求目標(80～89分) 5.具有較強的使命感，能夠主動迎接工作上的挑戰；能積極採取有效措施確保工作目標的達成；在工作中追求完美和高品質，成爲本職工作的專家(90～100分)
	工作責任心	10%	1.工作馬虎，不能保質、保量地完成工作任務且工作態度極不認真(60分以下) 2.自覺地完成工作任務，但有時對工作中的失誤推卸責任(60～69分)

續表

工作態度	工作責任心	10%	3.自覺地完成工作任務且對自己的行爲負責(70～79分) 4.出色地完成工作任務，並對自己的行爲負責(80～89分) 5.除了做好自己的本職工作外，還主動承擔分外的工作(90～100分)

四、考核結果的應用

考核結果可爲人力資源部對服務品質監督員進行的薪酬調整、員工培訓、崗位調整及人事變動等工作提供客觀依據，並按公司的相關規定對服務品質監督員進行獎懲。考核結果劃分標準如下表所示。

績效考核結果等級劃分標準

S(優秀)	A(好)	B(較好)	C(一般)	D(差)
90～100分	80～90(含)分	70～80(含)分	60～70(含)分	60(含)分以下

編制日期		審核日期		批准日期	
修改標記		修改處數		修改日期	

心得欄

第9章

客服部主管崗位

第一節　客服總監

一、關鍵業績指標

1.主要工作

⑴根據企業整體戰略規劃，制定長期客戶服務規劃及年度客戶服務計劃。

⑵負責企業客戶服務體系的建立與完善工作，組織相關人員制定相應的流程及客戶服務標準。

⑶負責客戶服務規劃的執行與監督工作，科學、合理地控制客戶服務費用。

⑷制定客服工作評價指標，對客戶服務整體工作的進度和品質進行監督及審核。

⑸管理及培訓客服人員，建設高效的客戶服務團隊，確保

客戶服務計劃的完成。

⑹配合人力資源部門制定各崗位客服人員的績效考核辦法，並提交總經理審核。

⑺負責做好與客服相關部門的協調和配合工作。

⑻完成總經理臨時交辦的工作。

2.關鍵業績指標

⑴客戶服務規劃目標達成率。

⑵年度客戶服務計劃提交及時率。

⑶客服流程改進目標達成率。

⑷客戶滿意度。

二、考核指標設計

客服總監的主要職責是對企業客戶服務工作進行長期規劃，建立並完善客戶服務體系。可從表 9-1 中所列的 4 個方面對客服總監的考核指標進行設計。

表 9-1　客服總監的考核指標設計表

被考核者				考核者		
部門				職位		
考核期限				考核日期		
關鍵績效指標		權重	績效目標值		考核得分	
					指標得分	加權得分
財務類	主營業務收入	10%	考核期內，企業主營業務收入超過____萬元			

續表

財務類	客服費用預算節省率	5%	考核期內，客服費用預算節省率達到___%		
運營類	企業總體戰略目標達成率	15%	考核期內，企業總體戰略目標達成率達到___%		
	客戶服務規劃目標達成率	15%	考核期內，客戶服務規劃目標達成率達到___%		
	年度客戶服務計劃提交及時率	10%	考核期內，年度客戶服務計劃提交及時率達到___%		
	客服流程改進目標達成率	15%	考核期內，客服流程改進目標達成率達到___%		
客戶類	客戶滿意度	10%	考核期內，客戶滿意度調查問卷的平均得分達到___分以上		
	客戶重大投訴數量	10%	考核期內，客服部遭到重大投訴的數量不超過___次		
學習發展類	核心員工保有率	5%	考核期內，核心員工保有率達到___%		
	培訓計劃完成率	5%	考核期內，培訓計劃完成率達到___%		
合計					

被考核者	考核者	覆核者
簽字：　　日期：	簽字：　　日期：	簽字：　　日期：

三、績效考核細則

表 9-2　績效考核細則

<table>
<tr><td rowspan="2">文本名稱</td><td rowspan="2">客服總監目標責任書</td><td>受控狀態</td><td></td></tr>
<tr><td>編　號</td><td></td></tr>
<tr><td colspan="4">
甲方：
乙方：
爲了健全對客服總監的激勵和約束機制，做到責權利相統一，依據公司相關管理制度，特制定本目標責任書。
一、責任期限
_____年___月___日～_____年___月___日。
二、薪酬構成
乙方薪酬由月薪及年終獎構成。
三、考核依據
1.目標責任書。
2.職務說明書。
3.年度述職報告。
4.上級下達的臨時任務。
四、工作目標與考核
1.業績指標。具體內容如下表所示。
</td></tr>
</table>

業績指標及評價標準列表

指　標	考核標準
客服規劃 目標達成率	績效目標值爲___%，每低 1%，減___分，完成率＜___%，此項得分爲 0
年度客服計劃 提交及時率	績效目標值爲___%，每低 1%，減___分，完成率＜___%，此項得分爲 0

續表

客服流程改進目標達成率	績效目標值爲___%，每低 1%，減___分，完成率＜___%，此項得分爲 0
客服費用的控制情況	績效目標值≤___%，每高 1%，減___分，費用率＞___%，此項得分爲 0

2.管理績效指標。具體內容如下所述。

⑴企業形象的建設與維護。通過上級對客服總監滿意度評價的分數進行評定，上級的滿意度評價應達___分，每低___分，減___分。

⑵客戶重大投訴每有 1 例，減___分。

⑶核心員工保有率達到___%，每低 1%，減___分。

⑷對下屬員工的行爲管理：下屬員工有無重大違反企業規章制度的行爲，每有 1 例，減___分。

⑸部門培訓計劃完成率應達 100%，每低 1%，減___分。

五、附則

1.客服總監在工作期內若出現重大責任事故，則公司有權對其終止聘用合約。

2.本公司在生產經營環境發生重大變化或發生其他情況時，有權修改本責任書。

3.本目標責任書未盡事宜在徵求總經理意見後，由公司另行研究及確定解決辦法。

4.本責任書解釋權歸企業人力資源部。

甲方：　　　　　　　　乙方：

日期：　　　　　　　　日期：

相關說明					
編制人員		審核人員		批准人員	
編制日期		審核日期		批准日期	

第二節 客服經理

一、關鍵業績指標

1.主要工作

⑴負責制定客服部各項規章制度及客服標準，規範客戶服務的各項工作。

⑵協助客服總監制訂年度客戶服務計劃，並負責具體組織實施。

⑶組織安排部門人員定期對所服務客戶進行不同形式的訪問、拜訪，並受理客戶的重大投訴。

⑷組織相關人員做好客戶調查、客戶開發等工作。

⑸負責大客戶的接待管理工作，維護與大客戶的長期溝通和合作關係。

⑹制訂企業售後服務計劃及標準並組織實施。

⑺對客服人員的工作進行監督、管理，並確保客戶服務工作的品質。

⑻完成上級臨時交辦的工作。

2.關鍵業績指標

⑴客服工作計劃按時完成率。

⑵客戶開發計劃完成率。

⑶客戶投訴解決滿意率。

⑷大客戶流失數。

⑸客戶滿意度。

二、考核指標設計

客服經理的主要職責是組織、領導部門員工開展優質的客服工作。對客服經理實施考核，可從財務、運營、客戶、學習發展 4 個方面設計考核指標，具體內容如表 9-3 所示。

表 9-3　客服經理考核指標設計表

被考核者			考核者		
部門			職位		
考核期限			考核日期		

關鍵績效指標		權重	績效目標值	考核得分	
				指標得分	加權得分
財務類	部門管理費用的控制情況	10%	考核期內，部門管理費用控制在預算範圍內		
	客服費用預算節省率	15%	考核期內，客服費用預算節省率達到___%		
運營類	客戶服務計劃完成率	20%	考核期內，客戶服務計劃完成率達到___%		
	客戶開發計劃完成率	10%	考核期內，客戶開發計劃完成率達到___%		
	客戶回訪率	5%	考核期內，客戶回訪率達到___%		
	大客戶流失數	5%	考核期內，大客戶流失數控制在___個以內		

續表

客戶類	客戶重大投訴數量	10%	考核期內，客服部遭到重大投訴的數量不超過___次		
	客戶滿意度	10%	考核期內，客戶滿意度調查問卷的平均得分達到___分以上		
學習發展類	核心員工保有率	10%	考核期內，核心員工保有率達到___%以上		
	培訓計劃完成率	5%	考核期內，培訓計劃完成率達到___%以上		
合計					

被考核者	考核者	覆核者
簽字：　　日期：	簽字：　　日期：	簽字：　　日期：

三、績效考核細則

表 9-4　績效考核細則

文本名稱	客服經理目標責任書	受控狀態	
		編　　號	

甲方：

乙方：

一、責任期限

______年___月___日～______年___月___日。

二、工作目標

1.根據企業總體戰略，制訂客戶調研計劃和客戶開發計劃。客戶調研計劃完成率達到___%，客戶開發計劃完成率達到___%。

2.負責組織安排與客戶相關的工作，增進和鞏固公司與客戶的關係。

續表

⑴根據公司的戰略發展需求，開發新客戶。年度新客戶開發率達到___%。

⑵組織並監督客服人員定期進行客戶回訪工作，進行客戶關係維護。客戶回訪率達到___%。

⑶負責大客戶的溝通與管理工作，維持公司與大客戶的合作關係。大客戶流失數控制在___個以內。

⑷監督並指導客服人員進行客戶投訴處理工作。客戶投訴解決滿意率達到___%。

3.根據公司相關規章制度，制訂明確的售後服務計劃及標準。

4.組織安排客服人員收集、分析和整理客戶信息，在此基礎上，建立客戶信息資料庫。客戶資料歸檔的及時率達到___%；資料歸檔的正確率達到___%。

5.根據客服人員的工作現狀和工作需求，制訂、組織和實施客服人員培訓計劃。年度培訓計劃完成率達到100%。

6.與公司其他部門同事協調合作，部門滿意度達到___分以上。

7.完成上級交辦的其他業務。

三、雙方的權利和義務

1.甲方要經常檢查、指導乙方的工作。

2.甲方爲乙方核定相關費用，並按時足額撥付。

3.甲方要積極爲乙方創造一個良好的工作環境和提供必要的場所、設備。

4.甲方要從各方面支持乙方的工作，保證其順利完成責任目標。

5.乙方在職權範圍內，要積極主動地開展工作，協調各方面關係。

6.乙方要經常彙報工作情況，並將工作結果呈報甲方。

7.乙方要完成甲方臨時交辦的各項工作。

四、考核方法和計分方法

1.客戶調查計劃完成率＝考核期內實際完成客戶調查計劃÷應完

續表

成客戶調查計劃×100%，得___分；每低___%，扣___分，最低不低於___分。 2.在規定時間內，編寫並及時提交客戶調查計劃。每出現1次延遲，扣___分。 3.客戶開發計劃完成率＝客戶開發計劃實際完成量÷客戶開發計劃應完成量×100%，本年度客戶開發計劃完成率達到100%，每低___%，扣___分，最低不低於___分。 4.新客戶開發率＝考核期內新增客戶數量÷考核期內客戶總數×100%，達到100%，得___分；每低___%，扣___分，最低不低於___分。 5.客戶回訪率＝實際回訪客戶數量÷應回訪客戶數量×100%，客戶回訪完成率達到100%，每低___%，扣___分；若低於___%，則該項得分爲0。 6.客戶投訴解決滿意率＝客戶投訴解決的滿意次數÷解決客戶投訴的總次數×100%，達到目標值，得___分；每低___%，扣___分；低於___%，該項得分爲0；每超___%，加___分，最高得分爲___分。 7.因信息傳遞不及時等原因流失的大客戶數應控制在___個以內。每超1個，扣___分；超過___個，該項得分爲0。 8.上級滿意度，指上級對客服經理滿意度問卷的平均得分。若得分達到___分，得___分；每低___分，扣___分，最低0分。 9.合作部門滿意度，指合作部門對客服經理滿意度問卷的平均得分。若得分達到___分，得___分；每低___分，扣___分，最低0分。 10.客戶滿意度，指外部客戶對客服經理滿意度問卷的平均得分。若得分達到___分，得___分，每低___分，扣___分，最低0分。 11.培訓計劃完成率＝實際培訓次數÷計劃培訓次數×100%。若達到___%，得___分，每低___%，扣___分，最低0分。 12.關鍵員工流失率＝在職N年以下關鍵員工流失人數÷在職N年以下員工總數×100%。若流失率控制在___%以內，得___分，每高___%，扣___分；每低___%，加___分。

續表

五、附則

1.本目標責任書未盡事宜由乙方本著對甲方負責的態度按程序完成。

2.本目標責任書自甲乙雙方簽訂之日起生效。

3.本目標責任書一式兩份，甲乙雙方各執一份，具有同等效力。

甲方：　　　　　　　　乙方：

代表人：　　　　　　　代表人：

日期：　　　　　　　　日期：

相關說明					
編制人員		審核人員		批准人員	
編制日期		審核日期		批准日期	

心得欄

第三節　客服主管

一、關鍵業績指標

1.主要工作

⑴協助客服經理制定客服部的各項規章制度並監督實施。

⑵檢查各項服務標準的執行情況，並及時糾正客服人員不合適的工作行爲。

⑶負責組織實施客戶關係維護及新客戶的開發工作。

⑷根據客戶服務標準的要求，對下屬員工開展客戶服務培訓工作。

⑸負責組織客戶回訪工作，並就客戶提出問題的處理，及時回饋結果。

⑹負責安排售後服務人員的工作班次及上門服務工作。

⑺負責客戶資料的收集、統計、分析工作，建立客戶資料信息庫。

⑻完成上級交辦的工作。

2.關鍵業績指標

⑴客戶服務工作按時完成率。

⑵新開發客戶數。

⑶客戶回訪率。

⑷客戶滿意度。

⑸客戶資料歸檔及時率。

二、考核指標設計

(一)客服主管目標管理卡

結合客服主管的主要工作職責和上期績效考核的業績，制定本期考核的目標。具體內容如表 9-5 如示。

表 9-5　客服主管目標管理卡

<table>
<tr><td>考核期限</td><td></td><td>姓　　名</td><td></td><td>職　　位</td><td></td><td>員工簽字</td><td></td></tr>
<tr><td>實施時間</td><td></td><td>部　　門</td><td></td><td>負 責 人</td><td></td><td>經理簽字</td><td></td></tr>
<tr><td colspan="6">1.上期實績自我評價(目標執行人記錄後交直屬經理評價)</td><td rowspan="7">⇨1</td><td>2.直屬經理評價</td></tr>
<tr><td colspan="4">相對於目標的實際完成程度</td><td>自我評分</td><td>經理評分</td><td>⑴目標實際達成情況</td></tr>
<tr><td colspan="4">按照年初設定客戶工作計劃，客戶工作按時完成的比率達到___%，與預期目標相比，超出(低於)___%</td><td></td><td></td><td rowspan="4"></td></tr>
<tr><td colspan="4">根據客戶開發計劃，進行新客戶開發。新開發客戶數達到___，與預期目標相比，超出(低於)___</td><td></td><td></td></tr>
<tr><td colspan="4">根據企業規定，定期對企業客戶進行回訪。客戶回訪率達到___%，與預期目標相比，超出(低於)___%</td><td></td><td></td></tr>
<tr><td colspan="4">及時、準確、完整地歸檔客戶資料。客戶資料歸檔及時率達到___%，與預期目標相比，超出(低於)___%</td><td></td><td></td></tr>
</table>

續表

<table>
<tr><td colspan="5">3.下期目標設定(與直屬經理討論後記入)</td><td rowspan="10">2</td><td>(2)與目前職位要求相比的能力素質差異</td></tr>
<tr><td colspan="2">項　目</td><td>計劃目標</td><td>完成時間</td><td>權重</td><td rowspan="4"></td></tr>
<tr><td rowspan="5">工作目標</td><td>客戶服務工作按時完成率</td><td>達到___%</td><td></td><td></td></tr>
<tr><td>新客戶開發數</td><td>達到___</td><td></td><td></td></tr>
<tr><td>客戶回訪率</td><td>達到___%</td><td></td><td></td></tr>
<tr><td>客戶滿意度評分</td><td>達到___分</td><td></td><td></td><td>(3)能力素質提升計劃</td></tr>
<tr><td>客戶資料歸檔及時率</td><td>達到___%</td><td></td><td></td><td rowspan="3"></td></tr>
<tr><td rowspan="2">個人發展目標</td><td>參加客戶管理研討會</td><td>不少於___次</td><td></td><td></td></tr>
<tr><td>參加企業組織的客戶服務培訓</td><td>考核成績不低於___分</td><td></td><td></td></tr>
</table>

(二)客服主管績效考核表

對客服主管的績效考核包括主要工作完成情況、工作能力和工作態度3個方面。具體的考核指標及權重分配情況如表9-6所示。

表 9-6　客服主管績效考核表

員工姓名：________　職　位：________

部　門：________　地　點：________

評估期限：自____年__月__日至____年__月__日

1.主要工作完成情況

序號	主要工作內容	考核內容	目標完成情況	考核分數	
				分值	考核得分
1	積極推進客戶開發、客戶維護工作	客戶服務工作按時完成率			
2	按照企業發展戰略和新客戶開發計劃，進行新客戶的開發	新開發客戶數			
3	根據企業規定，定期對企業客戶進行回訪	客戶回訪率客戶滿意度			
4	及時、準確、完整地歸檔客戶資料	客戶資料歸檔及時率			

2.工作能力

考核項目	考核內容	分值	考核得分		
			自評	考核人	考核得分
關注細節能力	能否主動學習和掌握各種提升和改進細節的方法				
預期應變能力	能否積極地面對即將來臨的挑戰或提前思考以迎接未來的機遇和挑戰				

3.工作態度

考核項目	考核內容	分值	考核得分		
			自評	考核人	考核得分
責任心	是否具備較強的責任心，工作盡職盡責				
服務意識	是否具備服務意識，對內、外客戶均能做到服務週到、熱情				
團隊意識	能否與同事友好相處，是否主動與人合作，幫助他人				

請把您認爲合適的數值塡寫在相應方格內，如塗改，請塗改者在塗改處簽字，評後準時送交人力資源部。

被考核者(自評人)簽名：　　　　　　直接上級簽名：

三、績效考核細則

表 9-7　績效考核細則

考核細則	客服主管績效考核實施細則			受控狀態	
				編　　號	
執行部門		監督部門		考證部門	

一、目的

爲合理、科學、有效地應用客服主管的績效考核結果，充分發揮績效考核結果的激勵作用，推動客服主管不斷改進工作績效，特制定本考核細則。

二、考核評分與等級

根據客服主管的考核得分，可以將客服主管的考核結果劃分爲以下5個等級。具體內容見下表。

續表

客服主管考核結果劃分表					
考核評分	90～100 分	80～89 分	70～79 分	60～69 分	60 分以下
考核等級	A	B	C	D	E

三、考核獎懲

1.獎金發放。

⑴季考核。

季考核得分＝工作業績得分×60%＋工作能力得分×25%＋工作態度得分×15%

季考核得分等級為 A 級的，季獎金全額發放；考核等級為 B 級和 C 級的，發放季獎金的___%；考核等級為 D 級的，季獎金不予發放；考核等級為 E 級的，季獎金不予發放且扣減季最後一個月績效工資的___%。

⑵年度考核。

年度考核評分＝季考核得分平均值×60%＋年終考核得分×40%

年度考核評分為 A 級的，年度獎金全額發放；年度考核評分屬於 B 級和 C 級的，發放年度獎金的___%；考核評分為 D 級的，發放年度獎金的___%；考核評分為 E 級的，年度獎金不予發放。

2.工資調整。

工資等級的調整從下次考核週期開始執行。具體的調整方式見下表。

客服主管工資調整表

考核等級	工資調整
A 級	上調 2 級
B 級	上調 1 級
C 級和 D 級	不變
E 級	下調 1 級

續表

3.崗位變動。

根據客服主管的考核得分調整其崗位級別，崗位級別的變動從下次考核週期開始執行。具體調整方式如下所示。

⑴年度考核被評爲 A 級的，崗位晉升 2 個級別；被評爲 B 級的，崗位晉升 1 個級別。

⑵年度考核爲 C 級和 D 級的，崗位級別保持不變。

⑶年度考核被評爲 E 級的，降低 1 個級別。

4.培訓。

根據客服主管的年度考核得分，將培訓分爲管理能力培訓、一般培訓和崗位技能培訓 3 種。具體的實施標準及方式如下所示。

⑴管理能力提升培訓。

對於年度考核等級爲 A 級和 B 級的客服主管，公司給予免費享受管理能力提升培訓的資格，培訓期間薪資照發，以此鼓勵客服主管通過不斷學習提升工作能力。

⑵一般培訓。

年度考核等級爲 C 級和 D 級的員工，可自主申請參加公司的一般培訓，包括客服知識的補充與更新、服務禮儀的培訓等，以提高工作績效和崗位競爭力。

⑶崗位技能培訓。

全年的四次季考核中，有一次被評爲 E 級的，必須參加公司安排的崗位技能培訓，提高工作勝任力，滿足崗位需求。

編制日期		審核日期		批准日期	
修改標記		修改處數		修改日期	

第四節　客戶投訴主管

一、關鍵業績指標

1.主要工作

⑴協助客服經理制定客戶投訴相關制度。

⑵根據客戶服務管理相關制度，設計客戶投訴處理流程及服務標準，並監督執行。

⑶特殊客戶投訴工作的受理及跟蹤處理。

⑷負責組織客戶回訪工作，以判斷客戶投訴處理工作的品質。

⑸協助各部門對客戶投訴案件進行分析和處理。

⑹整理、收集客戶投訴資料，定期或不定期編制各類投訴分析報告。

⑺完成上級臨時交辦的工作。

2.關鍵業績指標

⑴客戶意見回饋及時率。

⑵投訴回訪率。

⑶投訴處理速度。

⑷客戶投訴解決滿意率。

二、考核指標設計

(一)客戶投訴主管目標管理卡

結合客戶投訴主管的主要工作職責和上期績效考核的業績，制定本期考核的目標。

表 9-8　客戶投訴主管目標管理卡

考核期限		姓　　名		職　　位		員工簽字	
實施時間		部　　門		負 責 人		經理簽字	

1.上期實績自我評價(目標執行人記錄後交直屬經理評價)				2.直屬經理評價
相對於目標的實際完成程度	自我評分	經理評分		(1)目標實際達成情況
客戶意見在標準時間內的回饋率達到___%以上，與預期目標相比，超出(低於)___%				
在規定時間內，解決客戶投訴，從接到客戶投訴到問題解決時間間隔爲___天，與預期目標相比，超(少)___天			1	
按照公司確定的要求及時受理客戶投訴，未在承諾期限內解決客戶投訴的次數爲___次，與預期目標相比，超(少)___次				
客戶對處理投訴的態度、速度等的滿意程度，客戶滿意度問卷的平均得分爲				

___分，與預期目標相比，超(少)___分				

續表

<table>
<tr><td colspan="5">3.下期目標設定(與直屬經理討論後記入)</td><td rowspan="8">2</td><td rowspan="2">(2)與目前職位要求相比的能力素質差異</td></tr>
<tr><td colspan="2">項　目</td><td>計劃目標</td><td>完成時間</td><td>權重</td></tr>
<tr><td rowspan="4">工作目標</td><td>客戶意見回饋及時率</td><td>達到 100%</td><td></td><td></td><td rowspan="2"></td></tr>
<tr><td>投訴受理及時性</td><td>未在承諾期限內解決客戶投訴次數不超過___次</td><td></td><td></td></tr>
<tr><td>客戶投訴解決滿意率</td><td>達到___%</td><td></td><td></td><td>(3)能力素質提升計劃</td></tr>
<tr><td>投訴回訪率</td><td>達到___%</td><td></td><td></td><td rowspan="3"></td></tr>
<tr><td rowspan="2">個人發展目標</td><td>參加客戶投訴處理技巧培訓</td><td>不少於___課時</td><td></td><td></td></tr>
<tr><td>閱讀客戶管理類書籍</td><td>不少於___本</td><td></td><td></td></tr>
</table>

(二)客戶投訴主管績效考核表

客戶投訴主管的績效考核從主要工作完成情況、工作能力和工作態度 3 個方面進行，具體的考核指標及權重分配見表 9-9。

表 9-9　客戶投訴主管績效考核表

員工姓名：__________　職　　位：__________

部　　門：__________　地　　點：__________

評估期限：自____年___月___日至____年___月___日

1.主要工作完成情況

序號	主要工作內容	考核內容	目標完成情況	考核分數	
				分值	考核得分
1	及時回饋和傳遞獲得的客戶意見	客戶意見回饋及時率			
2	在承諾期限內解決客戶投訴	投訴受理及時性			
3	在不違背企業相關制度的前提下，採用最優的方法處理客戶投訴	客戶投訴解決滿意率			
4	定期抽取一定比例的投訴案件，組織回訪	客戶回訪率			

2.工作能力

考核項目	考核內容	分值	考核得分		
			自評	考核人	考核得分
問題解決能力	能否用有效的方法、嚴密的邏輯方式解決困難問題				
換位思考能力	能否站在對方的立場上想問題，並且做到設身處地地爲對方著想				
親和力	是否能讓週圍的人感覺和藹可親，不受其職位和權威的約束				

3.工作態度

考核項目	考核內容	分值	考核得分		
			自評	考核人	考核得分
紀律性	嚴格遵守企業規章制度，嚴於職責，堅守崗位				
服務意識	是否具備較強的服務意識，對內、外客戶均能做到服務週到、熱情				

請把您認爲合適的數值填寫在相應方格內，如塗改，請塗改者在塗改處簽字，評後準時送交人力資源部。

被考核者(自評人)簽名：　　　　　直接上級簽名：

三、績效考核細則

表 9-10　績效考核細則

考核細則	客戶投訴主管績效考核實施細則			受控狀態	
				編　　號	
執行部門		監督部門		考證部門	

一、工作業績(75%)

客戶投訴主管工作業績考核指標包括客戶意見回饋及時率、投訴受理及時性、客戶投訴解決滿意率及客戶滿意度，具體考核細則如下。

考核指標	權重	指標說明及細化	考核週期
客戶意見回饋及時率	15%	1.標準時間內及時回饋客戶意見的次數÷需回饋客戶意見的總次數×100% 2.達到目標值，得___分；每低___%，扣___分；低於___%，該項得分爲 0	季/年度

續表

投訴受理及時性	20%	考核期內，未能在承諾期限內解決的客戶投訴次數不超過___次，每超過___次，扣___分；超過___次，該項得分爲0	季/年度
客戶投訴解決滿意率	20%	1.目標值＝客戶投訴解決的滿意次數÷解決客戶投訴的總次數×100% 2.達到目標值，得___分；每低___%，扣___分；低於___%，該項得分爲0；每超___%，加___分，最高得分爲___分	季/年度
客戶滿意度	20%	根據客戶投訴主管處理投訴的態度、速度及結果等編制《客戶滿意度調查問卷》，將該問卷的平均得分作爲考核標準。問卷的平均得分應達到___分以上，每少___分，扣___分；每超___分，加___分	季/年度

二、工作能力(10%)

客戶投訴主管的工作能力考核指標包括親和力和問題解決能力具體考核細則如下。

考核指標	權重	指標說明及細化	考核週期
親和力	5%	1.注重與人進行心靈的溝通，能使他人真心信服並願意把自己當作朋友，得___分 2.容易與人接近和交談，在工作中能贏得他人的尊重和信任，構建和諧的關係，得___分 3.能夠與人接近和交談，待人態度謙和，能構建和諧的關係，得___分	季/年度
問題解決能力	5%	1.能積極採用各種手段或制訂計劃來有效預防各種問題的發生或把問題防患於未然，得___分	季/年度

續表

問題解決能力	5%	2.在被詢問或受到指示之前，能積極尋求解決問題的辦法，並迅速採取行動，得___分 3.具有一定的分析能力，能根據現象探求解決問題的途徑，得___分	

三、工作態度(15%)

客戶投訴主管的工作態度考核指標包括服務意識、責任心團隊意識，其具體考核細則如下。

考核指標	權重	指標說明及細化	考核週期
服務意識	5%	1.接待客戶時，熱情、週到、細緻，能夠詳細解答客戶提出的問題，得___分 2.具備一定的服務意識，但服務行為不到位，得___分 3.服務態度較差，經常引起客戶不滿，得___分	月/季/年度
責任心	5%	1.工作一絲不苟且勇於承擔責任，得___分 2.工作勤奮，責任心較強，得___分 3.責任心一般，滿足於完成日常的工作，得___分 4.工作較馬虎，責任心不強，得___分	月/季/年度
團隊意識	5%	1.不主動與團隊成員溝通，只是被動地參加團隊活動，得___分 2.在做好自己分內工作的同時，以實際行動支持團隊的決定，得___分 3.能夠使團隊成員接受團隊設定的使命和目標並採取實際行動，得___分	月/季/年度

編制日期		審核日期		批准日期	
修改標記		修改處數		修改日期	

第10章

客戶服務部門的執行與範本

第一節　客戶開發流程

表 10-1　客戶開發工作流程

工作目標	知識準備	關鍵點控制	流程圖
參見下頁	參見下頁	1.市場與客戶定位 客戶服務部根據公司業務確定客戶開發的範圍 2.資料收集 客戶服務部人員根據確定的客戶範圍，對公司的潛在客戶情況進行調查，初步掌握客戶信息，爲市場行銷部及其他相關部門工作提供支援 3.潛在客戶分析與評估 根據收集到的相關信息，客戶服務部對調查結果進行篩選評價	參見下頁

續表

根據公司的發展目標、業務特點，協助市場行銷部進行客戶定位，並協助實施客戶開發工作，進行客戶關係管理，實現公司的發展目標	1.客戶信息收集的方法 2.客戶關係維護的技巧	4.制訂《客戶開發計劃》 市場行銷部根據上述信息收集與分析的結果及其他相關信息，制訂《客戶開發計劃》，客戶服務部予以協助	1.市場與客戶定位 ↓ 2.資料收集 ↓ 3.潛在客戶分析與評估 ↓ 4.制訂《客戶開發計劃》 ↓ 5.客戶開發實施 ↓ 6.客戶關係管理
		5.客戶開發實施 市場行銷部根據工作安排與制訂的《客戶開發計劃》，實施客戶開發工作，客戶服務部給予相關的支援	
		6.客戶關係管理 客戶服務部做好客戶接待、回訪、投訴處理等售後服務工作，並根據客戶情況的變化不斷調整相應的服務	

心得欄

第二節　客戶回訪流程

表 10-2　客戶回訪工作流程

工作目標	知識準備	關鍵點控制	流程圖
1.及時掌握客戶需求信息 2.提高客戶滿意度 3.提高客戶回訪管理的規範化水準	1.瞭解《客戶回訪計劃》的制訂方法和內容構成 2.掌握客戶交談的技巧和策略	1.查詢《客戶資料庫》 客戶服務專員查詢客戶資料庫，詳細分析客戶資料內容和客戶服務需求	1.查詢《客戶資料庫》 ↓ 2.明確回訪對象 ↓ 3.制訂《客戶回訪計劃》 ↓ 4.預約回訪時間和地點 ↓ 5.準備回訪資料 ↓ 6.實施回訪 ↓ 7.整理回訪記錄 ↓ 8.主管審閱 ↓ 9.保存資料
		2.明確回訪對象 客戶服務專員根據客戶資料確定客戶回訪名單	
		3.制訂《客戶回訪計劃》 客戶服務專員根據客戶資料制訂《客戶回訪計劃》，包括客戶回訪的大概時間、回訪內容、回訪目的等	
		4.預約回訪時間和地點 客戶服務專員同客戶聯繫，確定具體的回訪時間和回訪地點	
		5.準備回訪資料 客戶服務專員根據《客戶回訪計劃》準備客戶回訪的相關資料，包括客戶基本情況、客戶服務的相關記錄和客戶消費特點等	

續表

參見上頁	參見上頁	6.實施回訪 6.1客戶服務專員準時到達回訪地點，開展回訪 6.2客戶服務專員要熱情、全面地瞭解客戶的需求和對售後服務的意見，並認真填寫《客戶回訪記錄表》 7.整理回訪記錄 客戶服務專員在客戶回訪結束後，及時整理《客戶回訪記錄表》，從中提煉主要結論 8.主管審閱 客戶服務主管對客戶服務專員的《客戶回訪記錄表》以及《客戶回訪報告表》進行審查，並提出指導意見 9.保存資料 客戶服務部相關人員對《客戶回訪記錄表》進行匯總，並經過分類後予以保存，以備參考	參見上頁

第三節　客戶接待流程

表 10-3　客戶接待工作流程

工作目標	知識準備	關鍵點控制	流程圖
1.提升公司形象 2.提高客戶滿意度 3.規範公司接待過程 4.妥善處理同客戶的關係	1.掌握客戶接待禮儀 2.掌握與客戶交談的技巧和策略	1.客戶來訪登記 客戶來訪時，客戶服務前臺要對客戶的基本情況進行登記，主要內容包括客戶姓名、單位和職務等	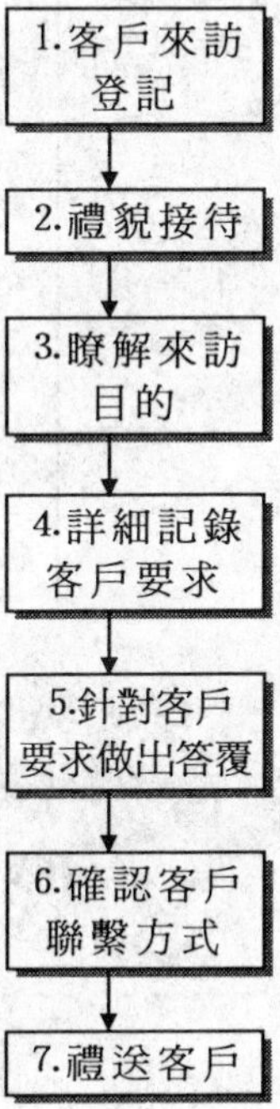
		2.禮貌接待 客戶服務人員禮貌地將客戶引進會客室，並及時提供待客服務	
		3.瞭解來訪目的 客戶服務人員通過詢問瞭解客戶來訪的目的和理由，詢問來訪目的時要保持禮貌、誠懇的服務態度	
		4.詳細記錄客戶要求 客戶服務人員記錄同客戶的談話過程，重點記錄客戶的要求和意見	

續表

<table>
<tr><td rowspan="3">參見上頁</td><td rowspan="3">參見上頁</td><td>5.針對客戶要求做出答覆
客戶服務人員判斷客戶要求的性質，對於不能立即給予解決的要告訴客戶具體的解決期限，能夠立即答覆的要認真、全面地給予答覆</td><td rowspan="3">參見上頁</td></tr>
<tr><td>6.確認客戶聯繫方式
接待結束時，客戶服務人員向客戶核對、確認具體的聯繫方式，體現對客戶意見的尊重</td></tr>
<tr><td>7.禮送客戶
客戶服務人員對客戶的拜訪表示感謝，並將客戶送至門外</td></tr>
</table>

心得欄

第四節　客戶關係維護流程

表 10-4　客戶關係維護工作流程

工作目標	知識準備	關鍵點控制	流程圖
1.保持同重要客戶的長期穩定的合作關係 2.及時解決客戶關係維護過程中的各種問題	1.掌握客戶關係維護的技巧 2.瞭解客戶關係現狀的分析方法和技巧	1.收集客戶服務信息 客戶服務專員收集公司在客戶服務過程中形成的各類信息	1.收集客戶服務信息 → 2.評估客戶關係 → 3.提出客戶關係改進措施 → 4.審議客戶關係改進措施 → 5.落實客戶關係改進措施 → 6.客戶關係改進總結
		2.評估客戶關係 客戶服務專員對收集的客戶服務信息進行分析、匯總，並對客戶關係進行評估，根據評估結果判斷是否需要改進	
		3.提出客戶關係改進措施 客戶服務專員根據客戶關係評估結果提出客戶關係改進的措施	
		4.審議客戶關係改進措施 客戶服務專員將改進措施報客戶服務主管審核，客戶服務主管提出措施改進的建議和要求，由客戶服務專員對改進措施進行完善	

續表

		5.落實客戶關係改進措施	
		5.1客戶服務主管根據客戶關係改進措施，將客戶關係改進任務分配給相關的客戶服務人員，並確定完成期限	
參見上頁	參見上頁	5.2客戶服務專員根據客戶服務任務分配具體落實客戶關係改進要求，在規定的期限內完成任務	參見上頁
		6.客戶關係改進總結 客戶服務主管定期對客戶關係改進過程進行總結，積極把握客戶關係改善的進程	

心得欄

第五節　客戶提案管理流程

表 10-5　客戶提案管理工作流程

工作目標	知識準備	關鍵點控制	流程圖
1.規範公司提案管理的各項工作，廣泛聽取客戶意見 2.收集並執行有效的客戶提案，提高公司產品和服務的品質	1.掌握客戶關係管理的相關理論知識 2.掌握客戶提案管理的方法、技巧和過程等	1.建立《客戶提案管理制度》 客戶服務部組織人員制定《客戶提案管理制度》，規範客戶提案管理的各項工作	1.建立《客戶提案管理制度》 ↓ 2.制訂《提案收集計劃》 ↓ 3.收集客戶提案 ↓ 4.審核客戶提案 ↓ 5.通造審核結果 ↓ 6.執行客戶提案 ↓ 7.提案執行效果評價 ↓ 8.客戶提案獎勵
		2.制訂《提案收集計劃》	
		2.1客戶服務部根據公司的相關規定，定期制定客戶提案目標和確定提案內容範圍	
		2.2客戶服務部分析客戶提案管理的各項工作，編制《客戶提案管理時間表》	
		2.3客戶服務部匯總客戶提案管理的所有信息，編制《客戶提案收集計劃》，並上報給總經理審批	
		3.收集客戶提案	
		3.1客戶服務部選擇合適的方法將公司的《客戶提案收集計劃》通知給客戶，告知客戶提案收集的方式、時間和獎勵措施等	

續表

		3.2客戶服務部組織人員接收客戶提案，用統一的格式對客戶提案進行整理並編號	
		4.審核客戶提案 公司組織人員對收集到的客戶提案進行審查，做出全面、客觀的客戶提案評價	
		5.通告審核結果	
		5.1客戶服務部負責將客戶提案審查的結果通知客戶，對於提案未通過審查的客戶，公司客戶服務人員要說明原因，退還資料，並真誠地表示感謝	
參見上頁	參見上頁	5.2對於提案通過審查的客戶，客戶服務人員要將提案實施的時間、改進的措施等一併通知客戶，並與客戶簽訂《提案成果分配協議》	參見上頁
		6.執行客戶提案 公司相關部門按照規劃好的時間執行選定的客戶提案，並及時將客戶提案執行情況回饋給主管	
		7.提案執行效果評價 主管根據客戶提案的執行效果，對提案進行評價，適時調整內容，使之更符合公司發展的需要	

續表

參見上頁	參見上頁	8.客戶提案獎勵	參見上頁
		8.1公司根據相關規定對提案收集、審查和執行過程中成績優秀的員工進行獎勵	
		8.2公司根據客戶提案計劃內容和公司客戶提案管理相關規定，與客戶分享提案實施成果	

第六節　客戶分級流程

表 10-6　客戶分級管理工作流程

工作目標	知識準備	關鍵點控制	流程圖
參見下頁	參見下頁	1.分級必要性分析 客戶服務部根據客戶數量及不同客戶帶來收益的差異，組織相關部門論證客戶分級管理的必要性	參見下頁
		2.確定客戶分級目的 客戶服務部在確定進行客戶分級後，需要明確客戶分級目的，一般包括提高客戶滿意度、忠誠度和銷售成交率等	

續表

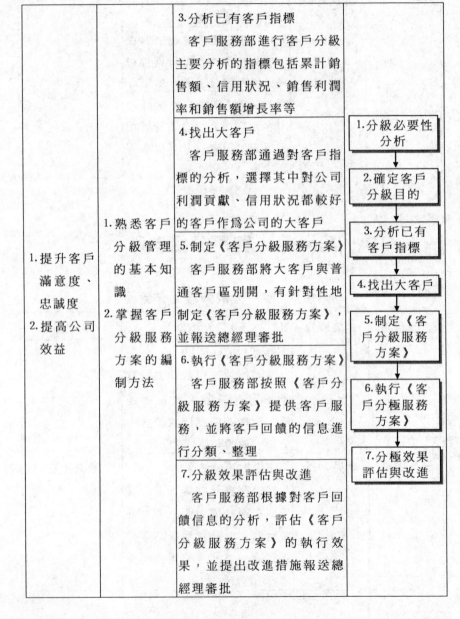

		3.分析已有客戶指標 客戶服務部進行客戶分級主要分析的指標包括累計銷售額、信用狀況、銷售利潤率和銷售額增長率等	
		4.找出大客戶 客戶服務部通過對客戶指標的分析，選擇其中對公司利潤貢獻、信用狀況都較好的客戶作爲公司的大客戶	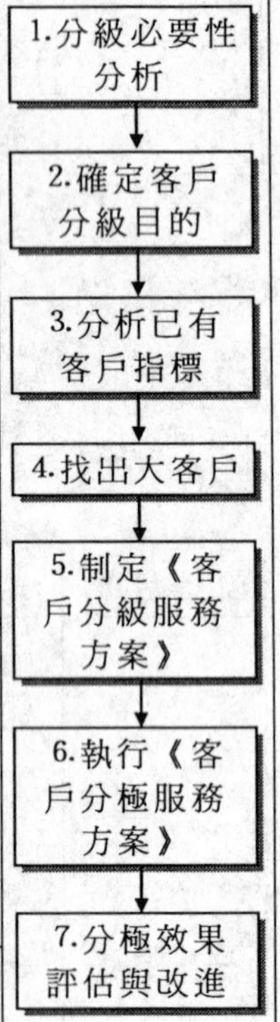
1.提升客戶滿意度、忠誠度 2.提高公司效益	1.熟悉客戶分級管理的基本知識 2.掌握客戶分級服務方案的編制方法	5.制定《客戶分級服務方案》 客戶服務部將大客戶與普通客戶區別開，有針對性地制定《客戶分級服務方案》，並報送總經理審批	
		6.執行《客戶分級服務方案》 客戶服務部按照《客戶分級服務方案》提供客戶服務，並將客戶回饋的信息進行分類、整理	
		7.分級效果評估與改進 客戶服務部根據對客戶回饋信息的分析，評估《客戶分級服務方案》的執行效果，並提出改進措施報送總經理審批	

第七節　大客戶管理流程

有 10-7　大客戶管理工作流程

工作目標	知識準備	關鍵點控制	流程圖
1.提升大客戶忠誠度，鞏固客戶關係 2.滿足客戶需求，提高市場佔有率 3.深入把握客戶需求，提供有針對性的服務	1.熟悉客戶管理的相關專業知識 2.掌握大客戶溝通技巧	1.確定《大客戶服務戰略》 客戶服務總監根據《公司總體戰略》和《客戶服務戰略》，確定《大客戶服務戰略》，並報送總經理審批	1.確定《大客戶服務戰略》 ↓ 2.深入瞭解客戶與競爭者 ↓ 3.確定優先服務的序列 ↓ 4.制訂《大客戶服務計劃》 ↓ 5.完善大客戶服務支援體系 ↓ 6.提供服務並接收回饋信息 ↓ 7.服務計劃總結 ↓ 8.大客戶服務評估與改進 ↓ 9.大客戶檔案歸檔
		2.深入瞭解客戶與競爭者 客戶服務部根據確定的《大客戶服務戰略》組織對客戶、競爭者的調查，以便於對其進行深入瞭解	
		3.確定優先服務的序列 客戶服務部根據客戶價值、潛力，確定大客戶的優先排序，並據此決定客戶服務資源的優先配置	
		4.制訂《大客戶服務計劃》 客戶服務部根據確定的優選服務序列及競爭者的調查資料，制訂具體可行的《大客戶服務計劃》，並報送客戶總監、總經理審批	

續表

參見上頁	參見上頁	5.完善大客戶服務支援體系 相關部門配合客戶服務部完善服務支援體系，包括產品線、售後服務體系、國際認證的品質保證體系等 6.提供服務並接收回饋信息 客戶服務部根據《大客戶服務計劃》要求，按照客戶的需求提供服務，並對客戶提出的意見或建議進行收集、整理 7.服務計劃總結 客戶服務經理定期對《大客戶服務計劃》的執行情況進行總結，及時糾正違規行爲 8.大客戶服務評估與改進 客戶服務部在年終組織市場行銷部、銷售部等部門及大客戶代表，對大客戶服務品質進行評估，並提出改進建議 9.大客戶檔案歸檔 客戶服務部按時將大客戶檔案及相關資料及時歸檔	參見上頁

第八節　售後服務品質管理流程

表 10-8　售後服務品質管理工作流程

工作目標	知識準備	關鍵點控制	流程圖
1.明確公司售後服務的品質標準，提高公司服務水準 2.優化公司客戶服務品質，提高客戶滿意度，增加公司產品銷量	1.掌握售後服務與服務品質管理的相關理論知識 2.掌握售後服務品質管理的方法和工具	1.售後服務品質調研 公司組織人員進行售後服務品質調研，調研內容主要包括客戶期望的售後服務內容和品質標準、競爭對手的售後服務現狀等 2.確定售後服務內容 客戶服務部在售後服務品質調研的基礎上，根據公司產品的特點和售後服務目標確定售後服務的內容 3.制定售後服務品質標準 客戶服務部對售後服務的各項內容進行分析，根據客戶需求和公司目標確定售後服務品質標準 4.設計售後服務流程 4.1客戶服務部爲針對各項售後服務內容，設計售後服務流程，明確售後服務的過程	1.售後服務品質調研 ↓ 2.確定售後服務內容 ↓ 3.制定售後服務品質標準 ↓ 4.設計售後服務流程 ↓ 5.售後服務人員培訓 ↓ 6.提供售後服務 ↓ 7.售後服務效果評價 ↓ 8.售後服務品質改進

續表

參見上頁	參見上頁	4.2客戶服務部制定售後服務流程的品質控制規範，保證售後服務流程被完整的實施，確保公司的售後服務品質標準被嚴格的貫徹執行	參見上頁
		4.3服務品質標準與售後服務流程經總經理審批通過後生效	
		5.售後服務人員培訓 客戶服務部對公司售後服務人員進行培訓，傳達公司售後服務的品質標準、流程、流程規範以及售後服務的技巧等	
		6.提供售後服務	
		6.1公司售後服務人員 依據公司的售後服務品質標準和流程規範，針對客戶需求提供售後服務，為客戶解決問題	
		6.2客戶服務部負責對服務品質進行監督、檢查	
		7.售後服務效果評價	
		7.1客戶服務部通過客戶滿意度調查，分析客戶投訴和售後服務報告等，收集與售後服務效果相關的信息	

續表

參見上頁	參見上頁	7.2客戶服務部對售後服務信息進行整理和分析，對售後服務效果做出客觀、全面的評價，發現公司售後服務品質標準等方面存在的問題	參見上頁
		8.售後服務品質改善 客戶服務部針對公司售後服務存在的問題制定相應的解決方案，提高公司的售後服務品質	

心得欄

第九節　售後服務承諾管理流程

表 10-9　售後服務承諾管理工作流程

工作目標	知識準備	關鍵點控制	流程圖
1.指導公司售後服務人員開展售後服務工作，提高售後服務品質 2.讓客戶瞭解公司售後服務的內容和品質標準，提高公司產品銷量	1.掌握售後服務的內容和品質標準 2.掌握售後服務的方法和過程	1.編制《售後服務承諾制度》 公司客戶服務部編制《售後服務承諾制度》，經總經理審批通過後傳達給相關部門貫徹落實，建立起公司的《售後服務承諾制度》	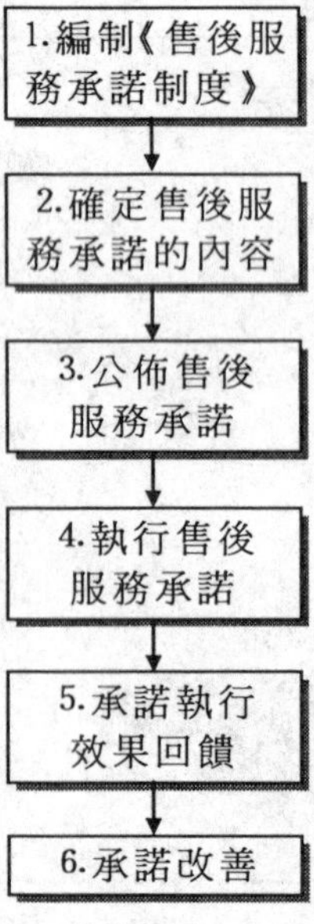
		2.確定售後服務承諾的內容	
		2.1客戶服務部根據公司產品的特點，在客戶需求和競爭對手售後服務現狀分析的基礎上編制《售後服務承諾書》，確定公司售後服務承諾的內容	
		2.2《售後服務承諾書》經總經理審批後生效	
		3.公佈售後服務承諾	
		3.1客戶服務部將售後服務承諾傳達到公司的相關部門和人員	

續表

參見上頁	參見上頁	3.2公司通過公司網站、發佈媒體廣告、向客戶發放承諾書等方式向客戶和外界公佈公司售後服務承諾	參見上頁
		4.執行售後服務承諾 售後服務人員嚴格按照公司的售後服務承諾爲客戶提供售後服務	
		5.承諾執行效果回饋	
		5.1公司售後服務承諾執行人員將售後服務承諾的執行情況回饋給主管	
		5.2公司客戶服務部不定期進行售後服務滿意度調查，瞭解客戶對公司售後服務的評價，並回饋給主管	
		6.承諾改善 公司客戶服務部根據收集承諾執行效果回饋信息，對公司售後服務承諾的內容和執行效果進行評價，發現其中的問題，並制定相應的措施進行改善	

第十節 客戶滿意度調查流程

表 10-10 客戶滿意度調查工作流程

工作目標	知識準備	關鍵點控制	流程圖
1. 收集客戶對公司服務的建議，瞭解客戶需求，並在客戶需求的基礎上改善公司服務水準 2. 重視客戶需求，提高客戶滿意度，增加公司產品銷量	1. 掌握客戶滿意度調查的基本理論知識 2. 掌握客戶滿意度調查的方法和步驟 3. 掌握客戶滿意度分析的方法和工具	1. 明確調查內容 客戶滿意度調查人員根據公司產品的特點和服務的內容，確定客戶滿意度調查的內容	1. 明確調查內容 ↓ 2. 編制《客戶滿意度調查計劃》 ↓ 3. 收集客戶滿意度信息 ↓ 4. 管理分析信息 ↓ 5. 編寫《客戶滿意度調查報告》 ↓ 6. 提高客戶滿意度
		2. 編制《客戶滿意度調查計劃》	
		2.1客戶滿意度調查人員根據調查的內容，確定調查的對象和方法	
		2.2客戶滿意度調查人員根據客戶滿意度調查的內容、對象、方法等因素編制調查問卷	
		2.3滿意度調查人員確定調查時間，匯總客戶滿意度調查的各項內容，編制《客戶滿意度調查計劃》；《客戶滿意度調查計劃》經總經理審批同意後執行	
		3. 收集客戶滿意度信息 客戶滿意度調查人員組織人員根據《客戶滿意度調查計劃》開展客戶滿意度調查，收集客戶滿意度信息	

續表

參見上頁	參見上頁	4.整理分析信息 客戶滿意度調查人員對收集到的客戶滿意度信息進行整理和分析，明確公司產品和服務在滿足客戶需求方面的優勢與劣勢	參見上頁
		5.編寫調查報告	
		5.1客戶滿意度調查人員編寫《客戶滿意度調查報告》，並將調查報告上報給主管審閱	
		5.2主管將《客戶滿意度調查報告》傳達到相關部門，如生產部、品質管理部等，爲各部門提高產品和服務品質提供依據和參考	
		6.提高客戶滿意度	
		6.1產品研發、生產相關的部門，根據客戶對公司產品的評價結果，採取相應的措施提高產品品質，更好地滿足客戶的需要	
		6.2客戶服務部針對在客戶滿意度調查中發現的、客戶服務過程中存在的問題制定相應的糾正和改善措施，提高公司的服務品質和客戶滿意度	

第十一節　客戶投訴接待流程

表 10-11　客戶投訴接待工作流程

工作目標	知識準備	關鍵點控制	流程圖
1.明確客戶投訴接待的標準，尊重每一位客戶 2.提高客戶的滿意度，樹立公司良好的形象和信譽	1.掌握客戶接待的禮儀 2.掌握不同類型客戶投訴接待和投訴處理的技巧	1.制定客戶接待標準 公司客戶服務部門制定客戶投訴接待標準，明確客戶投訴接待人員的言行規範和客戶接待流程等	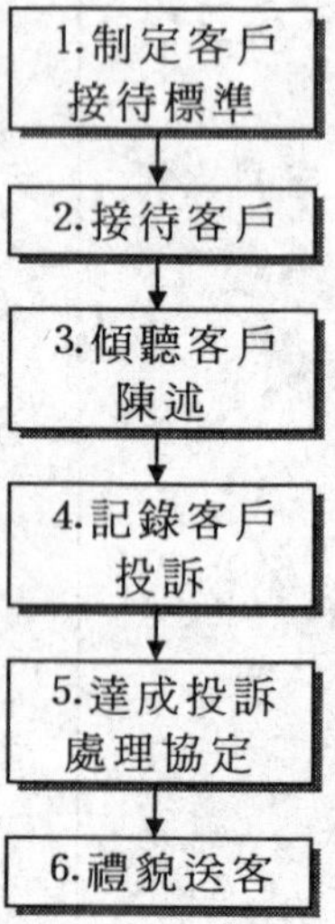
		2.接待客戶 客戶投訴接待人員根據公司的投訴客戶接待標準接待客戶，歡迎客戶	
		3.傾聽客戶陳述 客戶投訴接待人員瞭解投訴客戶來訪的目的，認真傾聽客戶陳述，明確客戶投訴的問題，並對客戶表示理解和安慰	
		4.記錄客戶投訴 客戶投訴接待人員指導客戶填寫《客戶投訴登記表》，做好客戶投訴登記工作	

續表

參見上頁	參見上頁	5.達成投訴處理協定 5.1記錄客戶投訴，接待人員根據公司的相關規定和投訴處理標準，與客戶溝通，制定投訴處理方案，並儘快通知相關人員進行投訴處理 5.2對於權限之外的客戶投訴，公司接待人員要聯繫相關人員進行投訴處理；不能即時處理的客戶投訴，接待人員要根據與客戶協商的結果確定投訴處理的最終期限 6.禮貌送客 客戶投訴接待人員禮貌送客，對客戶表示真誠感謝	參見上頁

心得欄

第十二節　客戶檔案管理流程

表 10-12　客戶檔案管理工作流程

工作目標	知識準備	關鍵點控制	流程圖
1.規範客戶檔案管理流程 2.確保客戶檔案完整、規範	1.熟悉檔案管理基礎知識 2.掌握客戶資料收集的基本技巧	1.制定《客戶檔案管理制度》 客戶服務部負責制定《客戶檔案管理制度》，經客戶總監、總經理審批後執行	1.制定《客戶檔案管理制度》 ↓ 2.客戶資料匯總 ↓ 3.填寫《歸檔單》 ↓ 4.建檔並標示 ↓ 5.檔案的日常管理 ↓ 6.檔案的銷毀
		2.客戶資料匯總	
		2.1銷售部將與客戶接觸過程中產生的記錄及相關交易記錄送交客戶服務部檔案管理人員	
		2.2財務部將客戶信用評價的相關資料、記錄送交客戶服務部檔案管理人員	
		2.3客戶服務部檔案管理人員將銷售部、財務部的資料及本部門產生的客戶信息分析報告匯總、整理	
		3.填寫《歸檔單》 客戶服務部檔案管理人員在對上述材料歸檔的同時，填寫《歸檔單》	

續表

參見上頁	參見上頁	4.建檔並標示 客戶服務部檔案管理人員通過對客戶資料的整理，按照《客戶檔案管理制度》的要求建立檔案並做相應的標示	參見上頁
		5.檔案的日常管理	
		5.1客戶服務部檔案管理人員應做好客戶檔案的登記及日常保管工作，做到不散(不使檔案分散)、不亂(不使檔案互相混亂)、不丟(檔案不丟失不洩密)、不壞(不使檔案遭到損壞)	
		5.2各部門工作人員可直接查閱屬本部門業務工作範圍的檔案資料。如需查閱非本部門的重要文件和有密級檔案，須經客戶服務部經理或原形成檔案的部門經理批准，方可借閱	
		6.檔案的銷毀 對超過保存期限的檔案，由檔案管理人員登記造冊，經客戶服務部經理和檔案形成部門經理共同鑑定，報客戶總監批准後，按規定銷毀	

第十三節　客戶服務績效考核管理流程

表 10-13　客戶服務人員考核工作流程

工作目標	知識準備	關鍵點控制	流程圖
對員工的工作業績及工作能力進行綜合考核，並設立相應的激勵機制，從而使人盡其責、人適其崗，實現組織的經營目標	1.考核量表的設計 2.績效考核的方法	1.制定《績效管理制度》 爲更好地激發員工工作積極性，人力資源部根據公司發展目標，制定符合公司實際的《績效管理制度》	1.制定績效管理制度 ↓ 2.制訂《績效考核計劃》 ↓ 3.工作執行與績效溝通 ↓ 4.考核工作組織 ↓ 5.下達考核通知 ↓ 6.資料提供與信息收集 ↓ 7.考核實施 ↓ 8.考核結果匯總 ↓ 9.績效回饋 ↓ 10.制訂《績效改進計劃》 ↓ 11.考核結果運用
		2.制訂《績效考核計劃》 制訂《績效考核計劃》的過程是一個雙向溝通的過程，通過管理者與員工進行溝通，明確所要達成的目標及結果	
		3.工作執行與績效溝通	
		3.1在進行績效溝通時，其上級主管要讓員工瞭解公司績效管理的目的	
		3.2考核期間，客戶服務部主管應對員工進行工作上的相關指導	

續表

參見上頁	參見上頁	4.考核工作組織 人力資源部或客戶服務部組織對員工的考核工作，包括確定考核實施時間、設定考核指標及考核標準、考核相關量表的準備等工作	參見上頁
		5.下達考核通知 人力資源部發佈考核通知，說明考核的目的、考核方式、考核進度安排等內容	
		6.資料提供與信息收集 人力資源部或客戶服務部對員工的日常工作表現記錄進行收集與整理	
		7.考核實施	
		7.1考核以崗位職責爲主要依據，一般從工作業績、工作態度、工作能力等方面對員工進行綜合評定	
		7.2客戶服務人員根據自己在考核期內的實際表現填寫《員工考核表》	
		7.3客戶服務部經理及其他相關人員根據員工在考核期內的實際工作表現對其進行評估	

續表

參見上頁	參見上頁	8.考核結果匯總 考核評估結束後，客戶服務部經理對員工的考核結果進行匯總分析並將考核結果交至人力資源部 9.績效回饋 完成績效考核工作後，客戶服務部主管還需與下屬人員進行績效回饋面談，通過面談讓下屬員工瞭解公司對自己的期望，認識自己有待改進的方面，下屬員工也可以提出自己在完成績效目標中遇到的困難，提出自己所需要的指導與幫助 10.制訂《績效改進計劃》 在績效回饋與面談的基礎上，公司管理者與員工共同制訂員工的《績效改進計劃》，幫助員工提升其績效表現 11.考核結果運用 人力資源部依據公司的相關規章制度，將員工績效考核的結果作爲對員工進行薪資調整、職務調整、培訓與發展等決策的重要參考	參見上頁

圖書出版目錄

1.傳播書香社會，凡向本出版社購買（或郵局劃撥購買），一律 9 折優惠。

服務電話(02)27622241　(03)9310960　　傳真(02)27620377

2.郵局劃撥號碼：18410591　郵局劃撥戶名：憲業企管顧問公司

3.圖書出版資料隨時更新，請見網站　www.bookstore99.com

4. **CD 贈品** 直接向出版社購買圖書，本公司提供 CD 贈品如下：買 3 本書，贈送 1 套 CD 片。買 6 本書，贈送 2 套 CD 片。買 9 本書，贈送 3 套 CD 片。買 12 本書，贈送 4 套 CD 片。CD 片贈品種類，列表在本「圖書出版目錄」最末頁處。

5. **電子雜誌贈品** 回饋讀者，免費贈送《環球企業內幕報導》電子報，請將你的 e-mail、姓名，告訴我們編輯部郵箱 huang2838@yahoo.com.tw 即可。

經營顧問叢書

4	目標管理實務	320 元	18	聯想電腦風雲錄	360 元
5	行銷診斷與改善	360 元	19	中國企業大競爭	360 元
6	促銷高手	360 元	21	搶灘中國	360 元
7	行銷高手	360 元	22	營業管理的疑難雜症	360 元
8	海爾的經營策略	320 元	23	高績效主管行動手冊	360 元
9	行銷顧問師精華輯	360 元	25	王永慶的經營管理	360 元
10	推銷技巧實務	360 元	26	松下幸之助經營技巧	360 元
11	企業收款高手	360 元	30	決戰終端促銷管理實務	360 元
12	營業經理行動手冊	360 元	31	銷售通路管理實務	360 元
13	營業管理高手（上）	一套	32	企業併購技巧	360 元
14	營業管理高手（下）	500 元	33	新產品上市行銷案例	360 元
16	中國企業大勝敗	360 元	37	如何解決銷售管道衝突	360 元

46	營業部門管理手冊	360 元
47	營業部門推銷技巧	390 元
49	細節才能決定成敗	360 元
52	堅持一定成功	360 元
55	開店創業手冊	360 元
56	對準目標	360 元
57	客戶管理實務	360 元
58	大客戶行銷戰略	360 元
59	業務部門培訓遊戲	380 元
60	寶潔品牌操作手冊	360 元
61	傳銷成功技巧	360 元
63	如何開設網路商店	360 元
66	部門主管手冊	360 元
67	傳銷分享會	360 元
68	部門主管培訓遊戲	360 元
69	如何提高主管執行力	360 元
70	賣場管理	360 元
71	促銷管理（第四版）	360 元
72	傳銷致富	360 元
73	領導人才培訓遊戲	360 元
75	團隊合作培訓遊戲	360 元
76	如何打造企業贏利模式	360 元
77	財務查帳技巧	360 元
78	財務經理手冊	360 元
79	財務診斷技巧	360 元

80	內部控制實務	360 元
81	行銷管理制度化	360 元
82	財務管理制度化	360 元
83	人事管理制度化	360 元
84	總務管理制度化	360 元
85	生產管理制度化	360 元
86	企劃管理制度化	360 元
87	電話行銷倍增財富	360 元
88	電話推銷培訓教材	360 元
90	授權技巧	360 元
91	汽車販賣技巧大公開	360 元
92	督促員工注重細節	360 元
93	企業培訓遊戲大全	360 元
94	人事經理操作手冊	360 元
95	如何架設連鎖總部	360 元
96	商品如何舖貨	360 元
97	企業收款管理	360 元
98	主管的會議管理手冊	360 元
100	幹部決定執行力	360 元
106	提升領導力培訓遊戲	360 元
107	業務員經營轄區市場	360 元
109	傳銷培訓課程	360 元
111	快速建立傳銷團隊	360 元
112	員工招聘技巧	360 元
113	員工績效考核技巧	360 元

114	職位分析與工作設計	360元	144	企業的外包操作管理	360元
116	新產品開發與銷售	400元	145	主管的時間管理	360元
117	如何成爲傳銷領袖	360元	146	主管階層績效考核手冊	360元
118	如何運作傳銷分享會	360元	147	六步打造績效考核體系	360元
122	熱愛工作	360元	148	六步打造培訓體系	360元
124	客戶無法拒絕的成交技巧	360元	149	展覽會行銷技巧	360元
125	部門經營計畫工作	360元	150	企業流程管理技巧	360元
126	經銷商管理手冊	360元	152	向西點軍校學管理	360元
127	如何建立企業識別系統	360元	153	全面降低企業成本	360元
128	企業如何辭退員工	360元	154	領導你的成功團隊	360元
129	邁克爾・波特的戰略智慧	360元	155	頂尖傳銷術	360元
130	如何制定企業經營戰略	360元	156	傳銷話術的奧妙	360元
131	會員制行銷技巧	360元	158	企業經營計畫	360元
132	有效解決問題的溝通技巧	360元	159	各部門年度計畫工作	360元
133	總務部門重點工作	360元	160	各部門編制預算工作	360元
134	企業薪酬管理設計		161	不景氣時期，如何開發客戶	360元
135	成敗關鍵的談判技巧	360元	162	售後服務處理手冊	360元
137	生產部門、行銷部門績效考核手冊	360元	163	只爲成功找方法，不爲失敗找藉口	360元
138	管理部門績效考核手冊	360元	166	網路商店創業手冊	360元
139	行銷機能診斷	360元	167	網路商店管理手冊	360元
140	企業如何節流	360元	168	生氣不如爭氣	360元
141	責任	360元	169	不景氣時期，如何鞏固老客戶	360元
142	企業接棒人	360元	170	模仿就能成功	350元
143	總經理工作重點	360元	171	行銷部流程規範化管理	360元

172	生產部流程規範化管理	360 元	198	銷售說服技巧	360 元
173	財務部流程規範化管理	360 元	199	促銷工具疑難雜症與對策	360 元
174	行政部流程規範化管理	360 元	200	如何推動目標管理（第三版）	390 元
175	人力資源部流程規範化管理	360 元	201	網路行銷技巧	360 元
176	每天進步一點點	350 元	202	企業併購案例精華	360 元
177	易經如何運用在經營管理	350 元	204	客戶服務部工作流程	360 元
178	如何提高市場佔有率	360 元	205	總經理如何經營公司（增訂二版）	360 元
179	推銷員訓練教材	360 元			
180	業務員疑難雜症與對策	360 元	206	如何鞏固客戶（增訂二版）	360 元
181	速度是贏利關鍵	360 元	207	確保新產品開發成功（增訂三版）	360 元
182	如何改善企業組織績效	360 元			
183	如何識別人才	360 元	208	經濟大崩潰	360 元
184	找方法解決問題	360 元	209	鋪貨管理技巧	360 元
185	不景氣時期，如何降低成本	360 元	210	商業計畫書撰寫實務	360 元
186	營業管理疑難雜症與對策	360 元	211	電話推銷經典案例	360 元
187	廠商掌握零售賣場的竅門	360 元	212	客戶抱怨處理手冊(增訂二版)	360 元
188	推銷之神傳世技巧	360 元	213	現金爲王	360 元
189	企業經營案例解析	360 元	214	售後服務處理手冊（增訂三版）	360 元
191	豐田汽車管理模式	360 元			
192	企業執行力（技巧篇）	360 元	215	行銷計畫書的撰寫與執行	360 元
193	領導魅力	360 元	216	內部控制實務與案例	360 元
194	注重細節（增訂四版）	360 元	217	透視財務分析內幕	360 元
195	電話行銷案例分析	360 元	218	主考官如何面試應徵者	360 元
196	公關活動案例操作	360 元	219	總經理如何管理公司	360 元
197	部門主管手冊(增訂四版)	360 元	220	如何推動利潤中心制度	360 元

221	診斷你的市場銷售額	360 元
222	確保新產品銷售成功	360 元
223	品牌成功關鍵步驟	360 元
224	客戶服務部門績效量化指標	360 元
225	搞懂財務當然有利潤	360 元
226	商業網站成功密碼	360 元

25	如何撰寫連鎖業營運手冊	360 元
26	向肯德基學習連鎖經營	350 元
27	如何開創連鎖體系	360 元
28	店長操作手冊（增訂三版）	360 元
29	店員工作規範	360 元
30	特許連鎖業經營技巧	360 元

《商店叢書》

1	速食店操作手冊	360 元
4	餐飲業操作手冊	390 元
5	店員販賣技巧	360 元
6	開店創業手冊	360 元
8	如何開設網路商店	360 元
9	店長如何提升業績	360 元
10	賣場管理	360 元
11	連鎖業物流中心實務	360 元
12	餐飲業標準化手冊	360 元
13	服飾店經營技巧	360 元
14	如何架設連鎖總部	360 元
18	店員推銷技巧	360 元
19	小本開店術	360 元
20	365 天賣場節慶促銷	360 元
21	連鎖業特許手冊	360 元
22	店長操作手冊（增訂版）	360 元
23	店員操作手冊（增訂版）	360 元
24	連鎖店操作手冊（增訂版）	360 元

《工廠叢書》

1	生產作業標準流程	380 元
4	物料管理操作實務	380 元
5	品質管理標準流程	380 元
6	企業管理標準化教材	380 元
8	庫存管理實務	380 元
9	ISO 9000 管理實戰案例	380 元
10	生產管理制度化	360 元
11	ISO 認證必備手冊	380 元
12	生產設備管理	380 元
13	品管員操作手冊	380 元
14	生產現場主管實務	380 元
15	工廠設備維護手冊	380 元
16	品管圈活動指南	380 元
17	品管圈推動實務	380 元
18	工廠流程管理	380 元
20	如何推動提案制度	380 元
22	品質管制手法	380 元
24	六西格瑪管理手冊	380 元

28	如何改善生產績效	380 元
29	如何控制不良品	380 元
30	生產績效診斷與評估	380 元
31	生產訂單管理步驟	380 元
32	如何藉助 IE 提升業績	380 元
34	如何推動 5S 管理（增訂三版）	380 元
35	目視管理案例大全	380 元
36	生產主管操作手冊（增訂三版）	380 元
37	採購管理實務（增訂二版）	380 元
38	目視管理操作技巧（增訂二版）	380 元
39	如何管理倉庫（增訂四版）	380 元
40	商品管理流程控制（增訂二版）	380 元
41	生產現場管理實戰	380 元
42	物料管理控制實務	380 元
43	工廠崗位績效考核實施細則	380 元
	確保新產品開發成功（增訂三版）	360 元
45	零庫存經營手法	
46	降低生產成本	380 元
47	物流配送績效管理	380 元
48	生產部門流程控制卡技巧	380 元
49	6S 管理必備手冊	380 元
50	品管部經理操作規範	380 元
51	透視流程改善技巧	380 元
52	部門績效考核的量化管理（增訂版）	380 元

《醫學保健叢書》

1	9 週加強免疫能力	320 元
2	維生素如何保護身體	320 元
3	如何克服失眠	320 元
4	美麗肌膚有妙方	320 元
5	減肥瘦身一定成功	360 元
6	輕鬆懷孕手冊	360 元
7	育兒保健手冊	360 元
8	輕鬆坐月子	360 元
9	生男生女有技巧	360 元
10	如何排除體內毒素	360 元
11	排毒養生方法	360 元
12	淨化血液　強化血管	360 元
13	排除體內毒素	360 元
14	排除便秘困擾	360 元
15	維生素保健全書	360 元
16	腎臟病患者的治療與保健	360 元
17	肝病患者的治療與保健	360 元
18	糖尿病患者的治療與保健	360 元
19	高血壓患者的治療與保健	360 元
21	拒絕三高	360 元
22	給老爸老媽的保健全書	360 元
23	如何降低高血壓	360 元

24	如何治療糖尿病	360 元
25	如何降低膽固醇	360 元
26	人體器官使用說明書	360 元
27	這樣喝水最健康	360 元
28	輕鬆排毒方法	360 元
29	中醫養生手冊	360 元
30	孕婦手冊	360 元
31	育兒手冊	360 元
32	幾千年的中醫養生方法	360 元
33	免疫力提升全書	360 元
34	糖尿病治療全書	360 元
35	活到 120 歲的飲食方法	360 元
36	7 天克服便秘	360 元
37	爲長壽做準備	360 元

《幼兒培育叢書》

1	如何培育傑出子女	360 元
2	培育財富子女	360 元
3	如何激發孩子的學習潛能	360 元
4	鼓勵孩子	360 元
5	別溺愛孩子	360 元
6	孩子考第一名	360 元
7	父母要如何與孩子溝通	360 元
8	父母要如何培養孩子的好習慣	360 元
9	父母要如何激發孩子學習潛能	360 元
10	如何讓孩子變得堅強自信	360 元

《成功叢書》

1	猶太富翁經商智慧	360 元
2	致富鑽石法則	360 元
3	發現財富密碼	360 元

《企業傳記叢書》

1	零售巨人沃爾瑪	360 元
2	大型企業失敗啓示錄	360 元
3	企業併購始祖洛克菲勒	360 元
4	透視戴爾經營技巧	360 元
5	亞馬遜網路書店傳奇	360 元
6	動物智慧的企業競爭啓示	320 元
7	CEO 拯救企業	360 元
8	世界首富　宜家王國	360 元
9	航空巨人波音傳奇	360 元
10	傳媒併購大亨	360 元

《智慧叢書》

1	禪的智慧	360 元
2	生活禪	360 元
3	易經的智慧	360 元
4	禪的管理大智慧	360 元
5	改變命運的人生智慧	360 元
6	如何吸取中庸智慧	360 元
7	如何吸取老子智慧	360 元
8	如何吸取易經智慧	360 元

《DIY 叢書》

1	居家節約竅門 DIY	360 元
2	愛護汽車 DIY	360 元
3	現代居家風水 DIY	360 元
4	居家收納整理 DIY	360 元
5	廚房竅門 DIY	360 元
6	家庭裝修 DIY	360 元
7	省油大作戰	360 元

《傳銷叢書》

4	傳銷致富	360 元
5	傳銷培訓課程	360 元
7	快速建立傳銷團隊	360 元
9	如何運作傳銷分享會	360 元
10	頂尖傳銷術	360 元
11	傳銷話術的奧妙	360 元
12	現在輪到你成功	350 元
13	鑽石傳銷商培訓手冊	350 元
14	傳銷皇帝的激勵技巧	360 元
15	傳銷皇帝的溝通技巧	360 元
16	傳銷成功技巧（增訂三版）	360 元
17	傳銷領袖	360 元

《財務管理叢書》

1	如何編制部門年度預算	360 元
2	財務查帳技巧	360 元
3	財務經理手冊	360 元
4	財務診斷技巧	360 元
5	內部控制實務	360 元
6	財務管理制度化	360 元
7	現金爲王	360 元

《培訓叢書》

1	業務部門培訓遊戲	380 元
2	部門主管培訓遊戲	360 元
3	團隊合作培訓遊戲	360 元
4	領導人才培訓遊戲	360 元
5	企業培訓遊戲大全	360 元
8	提升領導力培訓遊戲	360 元
9	培訓部門經理操作手冊	360 元
10	專業培訓師操作手冊	360 元
11	培訓師的現場培訓技巧	360 元
12	培訓師的演講技巧	360 元
14	解決問題能力的培訓技巧	360 元
15	戶外培訓活動實施技巧	360 元
16	提升團隊精神的培訓遊戲	360 元
17	針對部門主管的培訓遊戲	360 元

爲方便讀者選購，本公司將一部分上述圖書又加以專門分類如下：

《企業制度叢書》

1	行銷管理制度化	360 元
2	財務管理制度化	360 元
3	人事管理制度化	360 元

4	總務管理制度化	360 元
5	生產管理制度化	360 元
6	企劃管理制度化	360 元

《主管叢書》

1	部門主管手冊	360 元
2	總經理行動手冊	360 元
3	營業經理行動手冊	360 元
4	生產主管操作手冊	380 元
5	店長操作手冊（增訂版）	360 元
6	財務經理手冊	360 元
7	人事經理操作手冊	360 元

《人事管理叢書》

1	人事管理制度化	360 元
2	人事經理操作手冊	360 元
3	員工招聘技巧	360 元
4	員工績效考核技巧	360 元
5	職位分析與工作設計	360 元
6	企業如何辭退員工	360 元
7	總務部門重點工作	360 元

《理財叢書》

1	巴菲特股票投資忠告	360 元
2	受益一生的投資理財	360 元
3	終身理財計畫	360 元
4	如何投資黃金	360 元
5	巴菲特投資必贏技巧	360 元
6	投資基金賺錢方法	360 元
7	索羅斯的基金投資必贏忠告	360 元

C D 贈 品

（企管培訓課程 CD 片）

(1)	解決客戶的購買抗拒
(2)	企業成功的方法（上）
(3)	企業成功的方法（下）
(4)	危機管理
(5)	口才訓練
(6)	行銷戰術（上）
(7)	行銷戰術（下）
(8)	會議管理
(9)	做一個成功管理者（上）
(10)	做一個成功管理者（下）
(11)	時間管理

註：感謝學員惠於提供資料。本欄 11 套 CD 贈品不定期增加，請詳看。讀者直接向出版社購買圖書 3 本，送 1 套 CD。買圖書 6 本，送 2 套 CD。買圖書 9 本，送 3 套 CD。買圖書 12 本以上，送 4 套 CD。購書時，請註明索取 CD 贈品種類。

回饋讀者，免費贈送**《環球企業內幕報導》**電子報，請將你的e-mail、姓名，告訴我們 huang2838@yahoo.com.tw 即可。

經營顧問叢書 224　　售價：360 元

客戶服務部門績效量化指標

西元二〇〇九年十一月　　初版一刷

編著：李智淵　任賢旺

策劃：麥可國際出版有限公司（新加坡）

編輯：蕭玲

校對：焦俊華

發行人：黃憲仁

發行所：憲業企管顧問有限公司

電話：(02) 2762-2241　0930872873

臺北聯絡處：臺北郵政信箱第 36 之 1100 號

郵政劃撥：**18410591 憲業企管顧問有限公司**

大陸地區訂書，請撥打大陸手機：13243710873

出版社登記：局版台業字第 6380 號

ISBN：978-986-6421-31-0